不抱怨的世界

思履　编著

吉林文史出版社
JILIN WENSHI CHUBANSHE

图书在版编目（CIP）数据

不抱怨的世界 / 思履编著. -- 长春 : 吉林文史出版社,
2019.2（2021.12重印）

ISBN 978-7-5472-5844-6

Ⅰ. ①不… Ⅱ. ①思… Ⅲ. ①人生哲学–通俗读物Ⅳ. ①B821-49

中国版本图书馆CIP数据核字(2019)第021938号

不抱怨的世界

出版人 张 强
编著者 思 履
责任编辑 弭 兰
封面设计 韩立强
出版发行 吉林文史出版社有限责任公司
地　址 长春市净月区福祉大路5788号出版大厦
印　刷 天津海德伟业印务有限公司
版　次 2019年2月第1版
印　次 2021年12月第3次印刷
开　本 880mm × 1230mm 1/32
字　数 193千
印　张 8
书　号 ISBN 978-7-5472-5844-6
定　价 38.00元

前言

卡耐基训练中国公司负责人黑幼龙说过："不抱怨的人一定是最快乐的人，没有抱怨的世界一定最令人向往。"

人类的烦恼起源于困难本身，但让烦恼得以延续下去的却是抱怨。心理学家研究发现，人们所有的消极情绪和负面情绪不断滋长的根源就在于抱怨。当出现问题或者面对困境时，大多数人会习惯性地先推卸责任，去指责和抱怨他人。对于抱怨，17 世纪的西班牙思想家、哲学家葛拉西安告诫人们："藏起你受伤的手指，否则它会四处碰壁。"抱怨也许是一贴心灵的镇痛剂，能暂时缓解失败的痛苦，但却不能从根本上解决问题，它只会在你的痛觉苏醒的时候让你的痛感更加强烈。久而久之，抱怨就成了难以戒掉的鸦片。一个人的心态决定了他的行为和语言，同样，一个人的行为和语言也折射了他的心态，越是绝少抱怨、积极进取的人将越成功，越是怨天尤人、失意颓废的人将越失败。

为了让人们远离抱怨，美国知名牧师威尔·鲍温发起了一项"不抱怨"运动，邀请每位参加者戴上一个紫手环，只要一察觉自己开始抱怨，就将紫手环换到另一只手上，以此类推，直到这个紫手环能持续戴在同一只手上 21 天为止。威尔·鲍温和他的同事们把这种鼓励人们放下抱怨、用健康的心态面对生活的运动，称为"紫手环的力量"。全世界 80 多个国家、600 多万人参与了这项不抱怨的运动，无数人的命运因其而改变。

这项运动的发起者威尔·鲍温牧师强调："在你的手中，握有翻转人生的秘密。"抱怨这种负面思维不但是我们最大的敌人，还会影响他人。不抱怨是成功人生的最佳态度。优秀的人很少抱怨，抱怨是失败的标签，愚者的陋习。人生要面对的是非成败实在太多，如果对所得所失不能处之泰然，就会影响到前进的方向。“人生就是与困境周旋”，人生总有诸多不如意，战胜失意才能得意。英国著名诗人、政论家弥尔顿双目失明，德国最伟大的音乐家贝多芬双耳失聪，意大利小提琴大师帕格尼尼最后因病不能发声，但正是这三位最有资格抱怨的不幸的人被称为“世界文艺史上三大怪杰”，是不抱怨、积极面对人生让他们获得了杰出的成就。可以说，抱怨让我们失去，不抱怨让我们获得。

不抱怨是获得幸福生活的秘密所在。“对过去不悔，对现在不烦，对未来不忧”。远离抱怨能够让我们幸福快乐地生活。在无法得到自己想要的东西时，与其耿耿于怀，不如放下心结，整装待发，为下一次的奋斗做好准备。当我们抱怨时，其实是在不断强调我们不想要的人、事、物，但最终这些糟粕不会因抱怨而消失，他们还是会挥之不去，围绕在我们身边。不抱怨是一种大智慧，它是最有效的吸引力法则，不抱怨的人是最受欢迎的人，没有人喜欢喋喋不休的抱怨者。一味地抱怨，使人丧失的不只是面对生活的勇气，还有身边的朋友。爱抱怨也是影响人们职业生涯的因素之一。职场上永无休止的抱怨，只会让人失去奋斗的激情，且让他人敬而远之。荀子说：“自知者不怨人，知命者不怨天，怨人者穷，怨天者无志。”是说有自知之明的人会选择生活道路，不做无谓的抱怨，时刻把握命运的主动权。因此，我们应该学会感恩生活，远离抱怨。

愚者抱怨，智者行动。不抱怨具有正面的、令人积极进取的能量，能让我们拥有成功的人生和幸福的生活，这本《不抱怨的世界》详尽分析了抱怨对人生各个方面的危害，诸如影响人际关系、阻碍事业发展、影响婚姻生活、使不良情绪无止境地蔓延、丧失积极进取的勇气等等，同时阐述了帮助人们远离抱怨的各种方法和技巧，讲授了不抱怨的智慧。本书内容全面，技巧丰富，方法实用，道理深刻，以理论联系实际，以事例为佐证，是个人改善自我、走向成功的心灵读本，也是各种公司、组织提升团队精神、提高员工觉悟、促进整体发展的必选员工励志书。不抱怨，将从阅读本书开始。

目录

第一章

不抱怨的世界

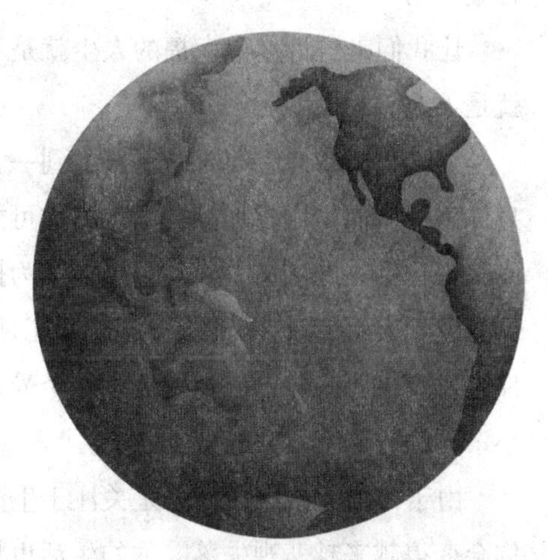

第一节
不抱怨，从紫手环运动开始

终结抱怨，接受 21 天的挑战

你对你的现状如何评价？你觉得你的生活幸福吗？你认为你是快乐的吗？你研究过不快乐的人吗？他们为什么会不快乐，你找到答案了吗？

让我们来告诉你：幸福的人生就是不抱怨的人生，快乐的世界就是不抱怨的世界。

尽管我们在抱怨的时候能够尝到一定的甜头：你可能因为抱怨身体不舒服而不用参加社会活动；你可能因为抱怨自己的怀才不遇而获得过别人的同情；你甚至可能因为抱怨公交车太挤而让别人对你的迟到表示谅解……可是，当你为了那一些甜头沾沾自喜的时候，你会发现，原来自己已经变成了一个爱抱怨的人，身边的任何一件小事，都可能引发你的不满情绪。

由于习惯了抱怨，你总是关注于生活中最不好的那一面，于是你会变得越来越悲观失落，你的生活也将被阴霾填满。果真要这样吗？难道你不想改变自己的生活吗？那就赶快加入“不抱怨运动”，接受 21 天的挑战吧！

美国的心灵导师威尔·鲍温与他的同事们一起，组织了这场构建“不抱怨的世界”的活动，他们把这种鼓励人们放下抱怨、用健康的心态面对生活的运动称为“紫手环的力量”。它的具体环节是这样的：

1. 首先订制一枚紫手环，将它戴在你的手腕上。

2. 如果你发现自己说了抱怨他人的话，这其中也包括对别人的批评和指责、向别人诉苦、说自己身体的某个部位不舒服等等，一旦发现你说出了这样的话，就要将紫手环移至另一只手的手腕上。

3. 你也可以让身边的人对你进行监督。如果别人发现你说出了抱怨的话，对你进行了指正，那么你就必须将紫手环再挪回另一只手上重新开始。当然，如果对方也戴着紫手环，那么在他提醒你的那一刻，他也必须将紫手环换手，因为他在指出你的错误的时候，也算是一种抱怨。

4. 坚持做下去。尽管活动的计划是21天内不抱怨就算是成功了，可是通常情况下是不可能在一个月之内完成的。因为抱怨总是纠缠着我们，所以如果没有恒心和毅力，我们是没有办法将这样的活动进行到底的。

5. 心态要放轻松。不要因为参加了这样的活动，就对什么事情都变得小心翼翼了。因为不抱怨并不是你不说出来就算做到了，而是要杜绝抱怨的念头。从心态上改变自己的想法。所以，在这个过程中，你的世界观和价值观也会跟着变化。

当然，如果你已经意识到了抱怨的坏处，并且希望加入这样的活动，接受21天的挑战，那么你完全不必等着订制紫手环，因为那不过是一种象征，你可以用身边的橡皮筋、硬币等物品代替它。

只要你加入了“不抱怨”的活动，接受了这样的挑战，那么即使是没有成功，你也会从中了解到：我们几乎每天都在抱怨，而杜绝抱怨却是那么难。一旦你成功了，你就会发现，原来我们一直用抱怨的眼光看世界，而忽略了它很多的美好。当我们杜绝了抱怨的时候，身边的世界就会变得多彩而充满欢乐了。

抱怨是世界上最没有价值的语言

今天抱怨这个，明天抱怨那个，仿佛一刻不说抱怨的话，我们就感受不到心里的平衡。可是只是一味地去抱怨，对于改善处境没有丝毫益处，只有先静下心来分析自己，并下定决心去改变它，付诸行动，它才能向你所希望的方向发展。一分耕耘，一分收获，不要企望在抱怨或感叹中取得进步，事情的进展是你的行为直接作用的结果。事在人为，只要你去努力争取，梦想终能成真。

画家列宾和他的朋友在雪后去散步，他的朋友瞥见路边有一片污渍，显然是狗留下来的尿迹，就顺便用靴尖挑起雪和泥土把它覆盖了，没想到列宾发现时却生气了，他说："几天来我总是到这来欣赏这一片美丽的琥珀色。"在我们的生活中，当我们老是埋怨别人给我们带来不快，或抱怨生活不如意时，想想那片狗留下的尿迹，其实，它是"污渍"，还是"一片美丽的琥珀色"，都取决于你自己的心态。

不要抱怨你的工作不好，不要抱怨你住在破宿舍里，不要抱怨你的男人穷或你的女人丑，不要抱怨你没有一个好爸爸，不要抱怨你空怀一身绝技没人赏识你，现实有太多的不如意，就算生活给你的是垃圾，你同样能把垃圾踩在脚底下，登上世界之巅。

孔雀向王后朱诺抱怨。它说："王后陛下，我不是无理取闹来诉说，您赐给我的歌喉，没有任何人喜欢听，可您看那黄莺小精灵，唱出的歌声婉转，它独占春光，风头出尽。"

朱诺听到如此言语，严厉地批评道："你赶紧住嘴，嫉妒的鸟儿，你看你脖子四周，如一条七彩丝带。当你行走时，舒展的华丽羽毛，出现在人们面前，就好像色彩斑斓的珠宝。你是如此美丽，你难道好意思去嫉妒黄莺的歌声吗？和你相比，这世界上没有任何一种鸟能像你这样受到别人的喜爱。一种动物不可能具备世界上所有动物的优点。我们赐给大家不同的天赋，有的天生长得高大威猛；有的如鹰一样的勇敢，鹊一样的敏捷；乌鸦则有可以预告未来之声。大家彼此相融，各司其职。所以我奉劝你停止抱怨，不然的话，作为惩罚，你将失去你美丽的羽毛。”

抱怨对事情没有一点帮助，与其不停地抱怨，不如把力气用于行动。

抱怨的人不见得不善良，但常不受欢迎。抱怨的人认为自己经历了世上最大的不平，但他忘记了听他抱怨的人也可能同样经历了这些，只是心态不同，感受不同。

宽容地讲，抱怨实属人之常情。然而抱怨之所以不可取在于：抱怨等于往自己的鞋里倒水，只会使以后的路更难走。抱怨的人在抱怨之后不仅让别人感到难过，自己的心情也往往更糟，心头的怨气不但没有减少，反而更多了。常言道：放下就是快乐。与其抱怨，不如将其放下，用超然豁达的心态去面对一切，这样迎来的将是一番新的景象。

天下有很多东西是毫无价值的，抱怨就是其中一种。

抱怨往往来自心理暗示

暗示是一种奇妙的心理现象，暗示又可分为他暗示与自我暗示两种形式。他暗示从某种意义上说可以称之为预言，虽然它对我们的生活也起一定作用，但却不及自我暗示的力量大。

自我暗示就是自己对自己的暗示。所有为自我提供的刺激，一旦进入了人的内心世界，都可称之为自我暗示。自我暗示是思想意识与外部行动两者之间沟通的媒介。它还是一种启示、提醒和指令，它会告诉你注意什么、追求什么、致力于什么和怎样行动，因而它能支配影响你的行为。这是每个人都拥有的一个看不见的法宝。

自有人类以来，不知有多少思想家、传教士和教育者都已经一再强调不抱怨的重要性。但他们都没有明确指出：不抱怨其实也是一种心理状态，是一种可以用自我暗示引导和修炼出来的积极的心理状态。

成功始于觉醒，心态决定命运。这是当今时代的伟大发现，是成功心理学的卓越贡献。成功心理、积极心态的核心就是自我主动意识，或者称作积极的自我意识，而这种意识的来源和成果就是经常在心理上进行积极的自我暗示。反之也一样，消极心态、自卑意识，就是经常在心理上暗示，不同的心理暗示也是形成不同的意识与心态的根源。所以说心态决定命运，正是以心理暗示决定行为这个事实为依据的。

不同的心理暗示，会给你带来不同的情绪。

我们多数人的生活境遇，既不是一无所有、一切糟糕，也不是什么都好、事事如意。这种一般的境遇相当于“半杯咖啡”。你面对这半杯咖啡，心里会产生什么念头呢？消极的自我暗示是为少了半杯而不高兴，情绪消沉；而积极的自我暗示是庆幸自己已经获得了半杯咖啡，那就好好享用，因而情绪振作、行动积极。

由此可见，心理暗示这个法宝有积极的一面也有消极的一面，不同的心理暗示必然会有不同的选择与行为，而不同的选择与行为必然会有不同的结果。有人曾说：“一切的成就，一切的财富，都始于一个意念。”我们还可以再说得浅显全面一些：你习惯于在心理上进行什么样的自我暗示，就是你贫与富、成与败的根本原因。因而，我们一直强调，发展积极心态、取得成功的主要途径是：坚持在心理上进行积极的自我暗示，去做那些你想做而又怕做的事情，尤其要把羞于自我表现、惧于与人交际的心理改变为敢于自我表现、乐于与人交际的心理。

每个人都带着一个看不见的法宝。这个法宝具有两种不同的作用，这两种不同的力量都很神奇。它会让你鼓起信心勇气，抓住机遇，采取行动，去获得财富、成就、健康和幸福；也会让你排斥和失去这些极为宝贵的东西。

这个法宝的两面就是两种截然不同的心理上的自我暗示，关键就在于你选择哪一面，经常使用哪一面了。

一个人的心理暗示是怎样的，他就会真的变成那样。如果经常给自己一些对现状不满的心理暗示，自然会产生抱怨。所以，我们要调动自己的情绪心理，充分利用积极的心理暗示。让自己从内心中剔除抱怨，不断地给自己激励与鼓舞的正面暗示，你才能感受到精神与行动的统一，才能感受到在不抱怨的世界里，那股来自宇宙间的神奇力量。

怨天尤人不如改变心态

电视剧《好想好想谈恋爱》中有这样一段，女主人公谭艾琳和男朋友伍岳峰分手之后，巨大的伤痛让她几乎崩溃，她将自己所有的情绪都用来抱怨：

“你现在打死伍岳峰他也不会明白，其实最受损失的是他，而不是我。我是他生命中唯一的一次爱情机会，他错失了，他以后再也没有机会了，他以为他的天底下有几个谭艾琳？他真是有眼无珠，他以后只有哭的份儿了，这就叫过了这村就没这店了，他肠子都得悔青了。

“有的男人对我来说重如泰山,有的轻如鸿毛。伍岳峰就是鸿毛。我像扔个酒瓶似的把他彻底打碎了，他根本不懂女人，离开他是我的幸运和解脱，他将永远处处碰壁，对，碰壁，碰得头破血流。而我经过历练,炉火纯青,笑到最后的是我。他完蛋了,他会一蹶不振,追悔莫及，太好了。”

诸如此类的抱怨她几乎如同潮水一样地倾倒给自己所有的朋友，直到有一天，朋友实在忍受不住她的抱怨：“你已经唠叨了一个星期了。说实话我听得已经有点儿头晕耳鸣了，再听下去我会疯掉的。”于是，在之后的日子中，她与同样失恋的男人章月明一起倾诉彼此的不幸，在章月明的不断抱怨中，谭艾琳自己渐渐开始沉默，直到有一天她也听够了，大喊道：“别说了，太无聊了，一个男人或一个女人一辈子愤怒的是爱情，谩骂的是爱情，得意的是爱情，沮丧的还是爱情，一辈子就忙活爱情吗？你别再跟我唠叨了，我受够了。别人没有义务承担你感情的后果，这是你应该自己解决的问题，你爱一个人就是愿打愿挨的事，没有人逼你，知道吗？敢做就得敢当。”

的确，就像谭艾琳那样，当自己不断地抱怨的时候，自己对于已经成为别人眼中的“怨妇”毫无知觉，可当看到另一个人如同自己一样整天抱怨的时候，才会突然觉醒，原来自己竟是如此可怜、可悲，在别人的事情中看到了自己的影子，也可能会突然觉得如此抱怨多么令人厌倦。

生活中，我们常常以为自己通过抱怨可以博得别人的同情，但就像鲁迅笔下的祥林嫂一样，不幸的事情在别人的耳朵里已经长茧，当初的同情也可能化成嘲笑，最终成为别人茶余饭后的笑柄。而对于我们每一个人来说，遇到不幸的事情，抱怨根本不能让失去的东西重新回来，反而更加影响自己的生活，失去的越来越多。

当一个人开始抱怨的时候，他能想到的只是自己当初如何不幸，才造成如今的结果，越想越伤心，越想越生气，当这种情绪不断蔓延的时候，根本没有心情去做别的事情。比如，抱怨自己的生活条件不佳，不仅不能为改善你的生活起到任何作用，反而影响到你为自己创造更好条件的机会和时间。如果说将抱怨的时间用来努力想办法改善自己的生活条件的话，那么很可能当初和自己条件相当的人在一年之后仍然在抱怨，而自己却已经在咖啡厅里悠闲地享受生活了。所以说抱怨远远不如调整好自己的状态，努力地改变现状，这样更容易使自己摆脱困境。

虽然有时候我们常常会因为遇到了困难而暴躁不安，可是苦难不会因为你的暴躁而消失。所以，当我们苦闷的时候可以尝试着放松心情，暗示自己这是很正常的事情，没有什么大不了的。可以适当地倾诉，但是不能一直沉浸在不幸的事情上。充满信心，昂首挺胸地迎接生活的挑战才是打好胜仗的前提条件。人生处处都有希望，只要你想去做，尽力做，就能做得更好。

内心足够强大，生命就会屹立不倒

在每个人的生命中，每一年都会发生各种各样的事情，或大喜或大悲，无论如何，这些事情就像我们生命中的坐标一样，它们或深或浅或明媚或黯淡的色调，构成了我们的人生画卷。

尽管在人生的岁月里，起伏不定常常带给人们不安全感。所以，人们常常抱怨磨难，抱怨那些让我们的生活变得艰苦的事情，抱怨那些让我们的内心承受煎熬的经历。可是，人们在抱怨的时候并没有想到，这些磨难就像烈火，我们只有经过锤炼，才能变得更加坚韧、更加刚强。

德国有一位名叫班纳德的人，在风风雨雨的50年间，他遭受了200多次磨难的洗礼，成为世界上最倒霉的人，但这些也使他成为世界上最坚强的人。

他出生后的第14个月，摔伤了后背；之后又从楼梯上掉下来，摔残了一只脚；再后来爬树时又摔伤了四肢；一次骑车时，忽然不知从何处刮来一阵大风，把他吹了个人仰车翻，膝盖又受了重伤；13岁时掉进了下水道，差点窒息；一辆汽车失控，把他的头撞了一个大洞，血如泉涌；又有一辆垃圾车，倾倒垃圾时将他埋在了下面；还有一次他在理发屋中坐着，突然一辆飞驰的汽车驶了进来……

他一生遭遇无数灾祸，在最为晦气的一年中，竟遇到了17次意外。

令人惊奇的是，他至今仍旧健康地活着，心中充满着自信。他历经了200多次磨难的洗礼，还怕什么呢？

人生不可能一帆风顺，一旦困境出现，首先被摧毁的就是失去意志力和行动能力的温室花朵。经常接受磨炼的人才能创造出崭新的天地，这就是所谓的“置之死地而后生”。

“自古雄才多磨难，从来纨绔少伟男”，人们最出色的成绩往往是在挫折中做出的。我们要有一个辩证的挫折观，经常保持充足的信心和乐观的态度。挫折和磨难使我们变得聪明和成熟，正是不断从失败中汲取经验，我们才能获得最终的成功。我们要悦纳自己和他人，要能容忍不利的因素，学会自我宽慰，情绪乐观、满怀信心地去争取成功。

如果能在磨难中坚持下去，磨难实在是人生不可多得的一笔财富。有人说，不要做在树林中安睡的鸟儿，要做在雷鸣般的瀑布边也能安睡的鸟儿，就是这个道理。磨难并不可怕，只要我们学会去适应，那么磨难带来的逆境，反而会让我们拥有进取的精神和百折不挠的毅力。

我们在埋怨自己生活多磨难的同时，不妨想想班纳德的人生经历，或许还有更多多灾多难的人们，与他们相比，我们的困难和挫折算得了什么呢？只要我们内心足够自信与强大，生命就能屹立不倒。

习惯抱怨生活太苦、运气太差的人，是不是也能说一句这样的豪言壮语："我已经经历了那么多的磨难，眼下的这一点痛又算得了什么？！"

只要相信自己，就没有什么外在因素可以伤害或摧毁你，至于受老板的责骂、受客户的折磨、被别人批评之类的小事，你还会在乎吗？

别把抱怨当成习惯

从前，有一个国家，连一匹马都没有。这个国家的国王非常忧虑，他下决心不惜重金四处购买骏马。

不久，买来了500匹高大的骏马，国王见后，心中非常欢喜，立即命令加以训练。

当500匹战马被训练得能够冲锋陷阵的时候，邻国和他建立了邦交，互派使节，表现得非常和气。

国王以为可以高枕无忧了。

这样的和平一直持续了好几年。国王看到这500匹马一直养尊处优，而且养马这一笔经费确实为数不少，不禁又烦恼起来。后来，他想出了一个主意："何不把这些马送去从事生产呢？这样不仅减少了开支，而且还能增加国家财政的收入，岂不是两全其美！"于是，他下令将这500匹马牵到磨房去磨米。

这500匹马每天被工人们用布紧紧蒙住眼睛，又用鞭子抽打，逼着它们拉着石磨旋转。起初，马非常不习惯，但后来，500匹战马慢慢地被驯服了，对拉磨也就习以为常了。

国王知道这些情况后，笑道："这些马既能保国，又能生产，我的主意真是一举两得啊！"

不久，邻国突然进兵侵犯他的国境。国王即刻下令召集那500匹马应战。国王亲自领着500骑兵，浩浩荡荡向战场进发。

到了战场，两军交锋，国王的500匹战马虽然壮硕，但平常都习惯了拉磨，此时面对敌军也不断地旋转着。骑兵们着急地提鞭抽打，没想到抽打得越快，马旋转得越快。敌军见状大喜，遂驱军直进，横杀直刺，好不痛快，国王的骑兵被杀得落花流水，逃窜而去。

在生活中，不如意的事情时有发生，你是否经常抱怨不断呢？不要让抱怨成为习惯，否则，就会像那些习惯了拉磨的战马一样，陷入了永无止境的旋转轮回。

有这样一个寓言故事：

有一天，素有森林之王之称的狮子来到了天神面前："我很感谢你赐给我如此雄壮威武的体格、如此强大无比的力气，让我有足够的能力统治这整片森林。"

天神听了，微笑地问："这不是你今天来找我的目的吧？看起来你似乎为了某事而困扰呢！"

狮子轻轻吼了一声，说："天神真是了解我啊！我今天的确是有事相求。因为即便我的能力再好，每天鸡鸣的时候，我也会被鸡鸣声给吓醒。祈求您，再赐给我力量，让我不再被鸡鸣声吓醒吧！"

天神笑道："你去找大象吧，它会给你一个满意的答复的。"

狮子兴冲冲地跑到湖边找大象，还没见到大象，就听到大象跺脚所发出的"砰砰"响声。

狮子加速地跑向大象，却看到大象正气呼呼地直跺脚。

狮子问大象：“你干吗发这么大的脾气？”

大象拼命摇晃着大耳朵，吼着：“有只讨厌的小蚊子，总想钻进我的耳朵里，害我都快痒死了。”

狮子离开了大象，心里暗自想着：“原来体型这么巨大的大象，还会怕那么瘦小的蚊子，那我还有什么好抱怨的呢？毕竟鸡鸣也不过一天一次，而蚊子却是无时无刻地骚扰着大象。这样想来，我可比它幸运多了。”

狮子一边走，一边回头看着仍在跺脚的大象，心想：“天神要我来看看大象的情况，应该就是想告诉我，谁都会遇上麻烦事。既然如此，那我只好靠自己了！反正以后只要鸡鸣时，我就当作鸡是在提醒我该起床了，如此一想，鸡鸣声对我还算是有益处呢！”

不言而喻，稍微遇上一些不顺心的事，就习惯性地抱怨老天亏待我们，那么我们将错失许多美好的机会。有时候自己觉得对生活不满的时候，看看别人，或者给自己换一种心态，你就将看到不一样的人生。

多给自己积极的心理暗示

1960年，哈佛大学的罗森塔尔博士曾在加州一所学校做过一个著名的实验。

新学期，校长对两位教师说：“根据过去几年来的教学表现，证明你们是本校最好的教师。为了奖励你们，今年学校特地挑选了一些最聪明的学生给你们教。记住，这些学生的智商比同龄的孩子都要高。”校长再三叮咛：“要像平常一样教他们，不要让孩子或家长知道他们是被特意挑选出来的。”

这两位教师非常高兴，更加努力教学了。

一年之后，这两个班级的学生成绩是全校中最优秀的。知道结果后，校长如实地告诉两位教师真相：他们所教的这些学生智商并不比别的学生高。这两位教师哪里会料到事情是这样的，只得庆幸是自己教得好。

随后，校长又告诉他们另一个真相：他们两个也不是本校最好的教师，而是在所有教师中随机抽选出来的。

这两位教师相信自己是全校最好的老师，相信他们的学生是全校最好的学生，正是这种积极的心理暗示，才使教师和学生都产生了一种努力改变自我、完善自我的进步动力。这种企盼将美好的愿望变成现实的心理，这就是心理暗示的作用。

心理暗示是我们日常生活中最常见的心理现象，它是人或环境以非常自然的方式向个体发出信息，个体无意中接受这种信息并做出相应的反应的一种心理现象。暗示有着不可抗拒和不可思议的巨大力量。

成功心理、积极心态的核心就是自信主动意识，或者称作积极的自我意识，而自信意识的来源和成果就是经常在心理上进行积极的自我暗示。反之也一样，消极心态、自卑意识，就是经常在心理上暗示，而不同的心理暗示也是形成不同的意识与心态的根源。所以说心态决定命运，正是以心理暗示决定行为这个事实为依据的。

每个人都应该给自己以积极的心理暗示。任何时候，都别忘记对自己说一声："我天生就是奇迹。"本着上天所赐予我们的最伟大的馈赠，积极暗示自己，你便开始了成功的旅程。拿破仑·希尔给我们提供了一个自我暗示公式，他提醒渴望成功的人们，要不断地对自己说："在每一天，在我的生命里面，我都有进步。"暗示是在无对抗的情况下，通过议论、行动、表情、服饰或环境气氛，对人的心理和行为产生影响，使其接受有暗示作用的观点、意见或按暗示的方向去行动。

积极的自我暗示，能让我们开始用一些更积极的思想和概念来替代我们过去陈旧的、否定性的思维模式，这是一种强有力的技巧，一种能在短时间内改变我们对生活的态度和期望的技巧。

也就是说，我们可以通过有意识的自我暗示，将有益于成功的积极思想和意识，洒到潜意识的土壤里，并在成功过程中减少因考虑不周和疏忽大意等招致的破坏性后果，全力拼搏，不达目的不罢休。所以，你通过想象不断地进行积极的自我暗示，很可能会成为一个杰出者。

幸福就在你心中

幸福就是在遇到事情的时候，选择好的心态，用积极和乐观的态度发现生活中的乐趣，而不是用悲观的眼睛去丈量生活的土地。

一位少妇，回家向母亲倾诉，说婚姻很是糟糕，丈夫既没有很多的钱，也没有好的事业，生活总是周而复始，单调无味。母亲笑着问："你们在一起的时间多吗？"女儿说："太多了。"母亲说："当年，你父亲上战场，我每日期盼的，是他能早日从战场上凯旋，与他整日厮守，可惜——他在一次战斗中牺牲了，再也没能回来，我真羡慕你们能够朝夕相处。"母亲沧桑的老泪一滴滴掉下来，渐渐地，女儿仿佛明白了什么。

一群男青年，在餐桌上谈起自己的老婆，说总是被管束得太严，几乎失去了自由，边说边有大丈夫的凛然正气，狂饮如牛，扬言回家要和老婆斗争到底。邻桌的一位老叟默默地听了，起身向他们敬酒，问："你们的夫人都是本分人吗？"男青年们点头。老叟叹了一口气，说："我爱人当年对我也是管得太死，我愤然离婚，后来她抑郁而终，如果有机会，我多希望能当面向她道一次歉，请求她时时刻刻地看管着我，小伙子，好好珍惜缘分呀！"男青年们望着神色黯然的老叟，沉默不语，若有所悟。

一位干部，因为人员分流，从领导岗位上退了下来，一时间萎靡不振，判若两人。妻子劝慰他："仕途难道是人生的最大追求吗？你至少还有学历，还有专业技术呀，你还可以重新开始你的新的事业呀！你一直是个善待生活的人，我们并不会因为你不做领导了，而对你另眼相待，在我的眼里，你还是我的丈夫，还是孩子的父亲。我告诉你，亲爱的，我现在甚至比以前更加爱你。"丈夫望着妻子，久久不语，眼里闪烁着晶莹的泪光。

一位盲人，在剧院欣赏一场音乐会，交响乐时而凝重低缓，时而明快热烈，时而浓云蔽日，时而云开雾散，盲人惊喜地拉着身边的人说："我看见了！我看见了山川，看见了花草，看见了光明的世界和七彩的人生……"

一位病人，医生郑重地告诉他，手术成功，化验结果出来了，从他腹腔内摘除的肿瘤只是一般的良性肿瘤，经过一段时间的疗养便可康复出院，并不危及生命。他顿时满面春风，双目有神，紧紧地握着医生的手，激动地说："谢谢，谢谢，是你给了我第二次生命……"

幸福在哪里？带着这样的问题，芸芸众生，茫茫人海，我们在努力寻找答案。其实，幸福是一个多元化的命题，我们在追求着幸福，幸福也时刻伴随着我们。只不过，很多时候，我们身处幸福的山中，在远近高低的角度看到的总是别人的幸福风景，却往往没有悉心感受自己所拥有的幸福天地。

第二节
悦纳生活中的不公平

生命本身并没有残缺

每个人的生命都是完整的。你的身体可能有缺陷或者残缺，但你仍然可以拥有一个完整的人生和幸福的生活。这才是对待生命的正确态度。

1967 年的夏天，对于美国跳水运动员乔妮来说是一段伤心的日子，她在一次跳水事故中身负重伤，全身瘫痪，只剩下脖子以上可以活动。

乔妮哭了，她躺在病床上彻夜难眠。她怎么也摆脱不了那场噩梦，跳板为什么会滑？为什么她会恰好在那时跳下？不论家人怎样劝慰，她总认为命运对她实在不公。出院后，她叫家人把她推到跳水池旁，注视着那蓝盈盈的水面，仰望那高高的跳台。她再也不能站立在光洁的跳板上了，那温柔的水再也不会溅起朵朵美丽的水花拥抱她了，她又掩面哭了起来。从此她被迫结束了自己的跳水生涯，离开了那条通向跳水冠军领奖台的路。

她曾经绝望过，但现在，她拒绝了死神的召唤，开始冷静思索人生的意义和生命的价值。她借来许多介绍前人如何成才的书籍，一本一本认真地读了起来。她虽然双目健全，但读书也是很艰难的，只能靠嘴衔根小竹片去翻书，劳累、伤痛常常迫使她停下来。休息片刻后，她又坚持读下去。通过大量的阅读，她终于领悟到：我是残疾了，但许多人残疾了之后，却在另外一条道路上获得了成功。他们有的成了作家，有的创作出美妙的音乐，我为什么不能？于是，她想到了自己中学时代喜欢画画。为什么不能在画画上有所成就呢？这位纤弱的姑娘变得坚强、自信起来了。她捡起了中学时代曾经用过的画笔，用嘴衔着，开始了练习。

这是一个常人难以想象的艰辛过程。家人担心她累坏了，于是纷纷劝阻她："乔妮，别那么死心眼儿了，哪有用嘴画画的，我们会养活你的。"可是，他们的话反而激起了她学画的决心，"我怎么能让家人一辈子养活我呢？"她更加刻苦了，常常累得头晕目眩，甚至有时委屈的泪水把画纸也弄湿了。为了积累素材，她还常常乘车外出，拜访艺术大师。好些年头过去了，她的辛勤劳动没有白费，她的一幅风景油画在一次画展上展出后，得到了美术界的好评。

后来，乔妮决心涉足文学。她的家人及朋友们又劝她了："乔妮，你绘画已经很不错了，还搞什么文学，那会更苦了你自己的。"她没有说话，想起一家刊物曾向她约稿，要谈谈自己学绘画的经过和感受，她用了很大力气，可稿子还是没有完成，这件事对她刺激太大了，她深感自己写作水平差，必须一步一个脚印地去学习。

这是一条通向光荣和梦想的荆棘路，虽然艰辛，但乔妮仿佛看到艺术的桂冠在前面熠熠闪光，等待她去摘取。

是的，这是一个很美的梦，乔妮要圆这个梦。终于，又经过许多艰辛的岁月，这个美丽的梦终于成了现实。1976年，她的自传《乔妮》出版并轰动了文坛，她收到了数以万计的热情洋溢的信。又两年过去了，她的《再前进一步》一书又问世了，该书以作者的亲身经历，告诉所有的残疾人，应该怎样战胜病痛，立志成才。后来，这本书被搬上了银幕，影片的主角就是由她自己扮演，她成了青年们的偶像，成了千千万万个青年自强不息、奋进不止的榜样。

乔妮是好样的，她用自己的行动向我们说明了这样一个道理：你的生命没有残缺，无论你的命运面临怎样的困厄，它们也丝毫阻止不了你实现自己的人生价值，相反，它们会成为你人生道路中一笔宝贵的精神财富。

不要抱怨生活的不公平

在现实中，我们难免要遭遇挫折与不公正的待遇，每当这时，有些人往往会产生不满，不满通常会引起牢骚，希望以此引起更多人的同情，吸引别人的注意力。从心理角度上讲，这是一种正常的心理自卫行为。但这种自卫行为同时也是许多人心中的痛，牢骚、抱怨会削弱责任心，降低工作积极性，这几乎是所有人为之担心的问题。

通往成功的征途不可能一帆风顺，遭遇困难是常有的事。事业的低谷、种种的不如意让你仿佛置身于荒无人烟的沙漠，没有食物也没有水。这种漫长的、连绵不断的挫折往往比那些虽巨大但却可以速战速决的困难更难战胜。在面对这些挫折时，许多人不是积极地去找一种方法化险为夷，绝处逢生，而是一味地急躁，抱怨命运的不公平，抱怨生活给予的太少，抱怨时运的不佳。

奎尔是一家汽车修理厂的修理工，从进厂的第一天起，他就开始喋喋不休地抱怨，“修理这活太脏了，瞧瞧我身上弄的”“真累呀，我简直讨厌死这份工作了”……每天，奎尔都是在抱怨和不满的情绪中度过。他认为自己在受煎熬，在像奴隶一样卖苦力。因此，奎尔每时每刻都窥视着师傅的眼神与行动，稍有空隙，他便偷懒耍滑，应付手中的工作。

转眼几年过去了，当时与奎尔一同进厂的三个工友，各自凭着精湛的手艺，或另谋高就，或被公司送进大学进修，独有奎尔，仍旧在抱怨中做他讨厌的修理工。

抱怨的最大受害者是自己。生活中你会遇到许多才华横溢的失业者，当你和这些失业者交流时，你会发现，这些人对原有工作充满了抱怨、不满和谴责。要么就怪环境条件不够好，要么就怪老板有眼无珠，不识才……总之，牢骚一大堆，积怨满天飞。殊不知这就是问题的关键所在——吹毛求疵的恶习使他们丢失了责任感和使命感，只对寻找不利因素兴趣十足，从而使自己发展的道路越走越窄。他们与公司格格不入，变得不再有用，只好被迫离开。如果不相信，你可以立刻去询问你所遇到的任何 10 个失业者，问他们为什么没能在所从事的行业中继续发展下去，10 个人当中至少有 9 个人会抱怨旧上级或同事的不是，绝少有人能够认识到自己之所以失业的真正原因。

提及抱怨与责任，有位企业领导者一针见血地指出："抱怨是失败的一个借口，是逃避责任的理由。爱抱怨的人没有胸怀，很难担当大任。"仔细观察任何一个管理健全的机构，你会发现，没有人会因为喋喋不休的抱怨而获得奖励和提升。这是再自然不过的事了。想象一下，船上水手如果总不停地抱怨：这艘船怎么这么破，船上的环境太差了，食物简直难以下咽，以及有一个多么愚蠢的船长……这时，你认为，这名水手的责任心会有多大？对工作会尽职尽责吗？假如你是船长，你是否敢让他做重要的工作？

如果你受雇于某个公司，就发誓对工作竭尽全力、主动负责吧！只要你依然还是整体中的一员，就不要谴责它，不要伤害它，否则你只会诋毁你的公司，同时也断送了自己的前程。如果你对公司、对工作有满腹的牢骚无从宣泄时，做个选择吧。一是选择离开，到公司的门外去宣泄；二是选择留下。当你选择留在这里的时候，就应该做到在其位谋其政，全身心地投入到工作上来，为更好地完成工作而努力。记住，这是你的责任。

一个人的发展往往会受到很多因素的影响，这些因素有很多是自己无法把握的，工作不被认同、才能不被发现、职业发展受挫、上司待人不公、别人总用有色眼镜看自己……这时，能够拯救自己走出泥潭的只有忍耐。比尔·盖茨曾告诫初入社会的年轻人："社会是不公平的，这种不公平遍布于个人发展的每一个阶段。"在这一现实面前，任何急躁、抱怨都没有益处，只有坦然地接受现实并战胜眼前的痛苦，才可能使自己的事业进一步发展。

耐得住寂寞，才能获得成功

成就大业者在其创业初期，都是能耐得住寂寞的，古今中外，概莫能外。门捷列夫的化学元素周期表的诞生，居里夫人的镭元素的发现，陈景润在哥德巴赫猜想中摘取的桂冠等，都是他们在寂寞、单调中扎扎实实做学问，在反反复复的冷静思索和数次实践中获得的成就。每个人一生中的际遇肯定不会相同，然而只要你耐得住寂寞，不断充实、完善自己，当际遇向你招手时，你就能很好地把握，获得成功。有"马班邮路上的忠诚信使"称号的王顺友就是这样一个甘于寂寞、耐得住寂寞的人。

王顺友，四川省凉山彝族自治州木里藏族自治县邮政局投递员，2005年全国劳模，2007年"全国道德模范"的获得者。他一直从事着一个人、一匹马、一条路的艰苦而平凡的乡邮工作。邮路往返里程360公里，月投递两班，一个班期为14天，22年来，他送邮行程达26万多公里，相当于走了21个二万五千里长征，相当于围绕地球转了6圈！

王顺友担负的马班邮路，山高路险，气候恶劣，一天要经过几个气候带。他经常露宿荒山岩洞、乱石丛林，经历了被野兽袭击、意外受伤乃至肠子被骡马踢破等艰难困苦。他常年奔波在漫漫邮路上，一年中有330天左右的时间在大山中度过，无法照顾多病的妻子和年幼的儿女，却没有向上级单位提出过任何要求。

为了排遣邮路上的寂寞和孤独，娱乐身心，他自编自唱山歌，其间不乏精品，像《为人民服务不算苦，再苦再累都幸福》，等等。为了能把信件及时送到群众手中，他宁愿在风雨中多走山路，改道绕行以方便沿途群众。他还热心为农民群众传递科技信息、致富信息，购买优良种子。为了给群众捎去生产生活用品，王顺友甘愿绕路、贴钱、吃苦，受到群众的交口称赞。

20余年来，王顺友没有延误过一个班期，没有丢失过一个邮件，没有丢失过一份报刊，投递准确率达到100%，为中国邮政的普遍服务做出了最好的诠释。

王顺友是成功的，因为他耐住了寂寞，战胜了自己。耐得住寂寞，是所有成就事业者共同遵循的一个原则。它以踏实、厚重、沉思的姿态作为特征，以严谨、严肃、严峻的面目，追求着一种人生的目标。当这种目标价值得以实现时，仍不喜形于色，而是以更寂寞的人生态度去探求实现另一个奋斗目标。浮躁的人生是与之相悖的，它以历来不甘寂寞和一味追赶时髦为特征，被一种强烈的功利主义驱使。浮躁的向往，浮躁的追逐，只能产出浮躁的果实。这果实的表面或许是绚丽多彩的，却并不具有实用价值和交换价值。

耐得住寂寞是一种难得的品质，不是与生俱来，也不是一成不变，它需要长期的艰苦磨炼和凝重的自我修养、完善。耐得住寂寞是一种有价值、有意义的积累，而耐不住寂寞是对宝贵人生的挥霍。

一个人的生活中总会有这样那样的挫折，会有这样那样的机遇，只要你有一颗耐得住寂寞的心，用心去对待、去守望，成功就一定会属于你。

水温够了茶自香

生活中有些人，他们看到一部文学作品在社会上引起强烈反响，就想学习文学创作；看到电脑专业在科研中应用广泛，就想学习电脑技术；看到外语在对外交往中起重要作用，又想学习外语……由于他们对学习的长期性、艰巨性缺乏应有的认识和思想准备，只想“速成”，一旦遇到困难，便失去信心，打退堂鼓，最后哪一种技能也没学成。这种情况，与明代边贡《赠尚子》一诗里的描述非常相似：“少年学书复学剑，老大蹉跎双鬓白。”是讲有的年轻人刚要坐下来学习书本知识，又要去学习击剑，如此浮躁，时光匆匆溜掉，到头来只落得个白发苍苍、两手空空。

一个屡屡失意的年轻人觉得在工作单位很不痛快，单位领导并没有给他重要的岗位去锻炼，也没有提拔他的迹象……于是他决定外出寻求指点。他千里迢迢来到普济寺，慕名寻到老僧释圆，沮丧地对他说：“人生总不如意，活着也是苟且，有什么意思呢？”

释圆静静地听着年轻人的叹息和絮叨，末了才吩咐小和尚说：“施主远道而来，烧一壶温水送过来。”

不一会儿，小和尚送来了一壶温水。释圆抓了茶叶放进杯子，然后用温水沏了，放在茶几上，微笑着请年轻人喝茶。杯子冒出微微的水汽，茶叶静静浮着。年轻人不解地询问：“宝刹怎么用温水沏茶？”

释圆笑而不语。年轻人喝一口细品，不由得摇摇头：“一点茶香都没有呢。”

释圆说：“这可是闽地名茶铁观音啊！”

年轻人又端起杯子品尝，然后肯定地说：“真的没有一丝茶香。”

释圆又吩咐小和尚：“再去烧一壶沸水送过来。”

又过了一会儿，小和尚提着一壶冒着浓浓白汽的沸水进来。释圆起身，又取过一个杯子，放茶叶，倒沸水，再放在茶几上。年轻人俯首看去，茶叶在杯子里上下沉浮，丝丝清香不绝如缕，望而生津。年轻人欲端杯，释圆作势挡开，又提起水壶注入一线沸水。茶叶翻腾得更厉害了，一缕更醇厚更醉人的茶香袅袅升腾，在大禅房弥漫开来。释圆这样注了五次水，杯子终于满了，那绿绿的一杯茶水，端在手上清香扑鼻，入口沁人心脾。

释圆笑着问："施主可知道，同是铁观音，为什么茶味迥异吗？"

年轻人思忖着说："一杯用温水，一杯用沸水，冲沏的水不同。"

释圆点头："用水不同，则茶叶的沉浮就不一样。温水沏茶，茶叶轻浮水上，怎会散发清香？沸水沏茶，反复几次，茶叶沉沉浮浮，释放出四季的风韵：既有春的幽静、夏的炽热，又有秋的丰盈和冬的清冽。世间芸芸众生，也和沏茶是同一个道理，沏茶的水温不够，不可能沏出散发诱人香味的茶水。你自己的能力不足，要想处处得力、事事顺心自然很难。要想摆脱失意，最有效的方法就是苦练内功，提高自己的能力。"

年轻人茅塞顿开，回去后刻苦学习，虚心向人求教，不久就引起了单位领导的重视。

水温够了茶自然香，功夫到了自然成。历史上凡有所建树的人，往往都是很勤奋、很努力的人。任何一项成就的取得，都是与勤奋和努力分不开的，只要功夫做到家，自然能获得成功。

在贫穷面前抬起头来

穷人看到有的人大富大贵，以为他们很幸福，但是有钱人心里不一定痛快。有的人，别人看他离幸福很远，他自己却时时与快乐邂逅。我们虽然无法改变自己目前的境况，但我们可以改变自己创造未来的心态。没了工作不要紧，但不能没有快乐，如果连快乐都失去了，那人生将是一片黑暗而没有边际的森林。追求快乐是人的天性，开心是生命中最顽强、最执着的律动。

在贫穷面前，我们不必抬不起头，金钱给予我们的只是我们所需要的一小部分，我们还有很多值得追求的东西，物质上的贫穷并不代表人生的贫乏。而且贫困往往只是眼下的，因为你永远有选择现在就动手改变的机会。贫穷与暂时的负债对懦弱的人会产生一股强大的摧毁力，而意志坚定的人却认为那是对自己的磨炼。

拿破仑是科西嘉人，他的父亲虽很高傲，但是手头非常拮据。幼时，他父亲令他进入贝列思贵族学校。校中的同学大都恃富而骄，讥讽家境清寒的同学，所以拿破仑常受同学们的欺侮。他起初逆来顺受，竭力抑制自己的愤怒，但同学们的恶作剧愈演愈甚，他终于忍无可忍，于是函请父亲准他转学，希望脱离这可怕的环境。可是他的父亲来信回复他说："你仍须留在校中读书。"他不得已，只能忍受，饱尝了五年的痛苦。他每次遇到同学们的侮辱性的嘲弄，不但没有意志消沉，反而增强了他的决心，准备将来战胜这些卑鄙的纨绔子弟。

拿破仑 16 岁任少尉的那年，父亲不幸去世，在他微薄的薪俸中，尚需节省一部分钱来赡养他的母亲。那时，他又接受差遣，须长途跋涉，到凡朗斯的军营服役。到了部队，眼见伙伴们大都把闲余的光阴虚掷在狂嫖滥赌上，拿破仑知道自己绝不能和他们一样。他想要甩掉这顶贫穷的帽子，改变自己的命运。好在他尚不具有翩翩的风度，无从追求女人；囊中羞涩，更不能使他有一掷千金的豪兴。他把他闲余的光阴，全放在读书上。他早有了理想的目标，他在艰苦的环境中埋首研习，数年的工夫，积下来的笔记后来整理出来，竟有四大箱子。

他绘制了科西嘉岛的地图，并将设防计划罗列图上，根据数学的原理，精确计算。于是，他崭露头角，为长官所赏识，派他担任重要的工作，从此青云直上。其他的人对他的态度大大改观，从前嘲笑他的人，反而接受他指挥，奉承唯恐不及；轻视他的人，也以受他稍一顾盼为荣；揶揄他是一个迂儒书呆、毫无出息的人，也对他虔诚崇拜。

拿破仑的成功，固然是因为他的天才和学识修养，但最重要的还是他坚强的意志。他的意志，是在艰苦环境中磨砺出来的，不经历风雨，他也就可能不会成为世界上人人皆知的军事天才拿破仑。

困苦的环境，固然可以磨砺你的志气，但也可能消沉你的志气。你如果不战胜环境，环境便战胜你。你因为受了冷酷无情的打击，便妄自菲薄，以为前途绝无希望，听任命运的摆布，那么你的结局可想而知。而拿破仑绝不是这样，他认为世界上没有不可改造的环境，尽力战胜先天的缺憾，不退却，不放纵。

与其把大好的时间和精力放在为“钱”的忧虑上，还不如打点行装、振作精神去为赚钱而做好准备，用良好的心态开创光明的前程。

吃亏有时是种福

做事有长远计划的人，不会只计较自己的获得，而是懂得在适当的时候舍弃。因为他们知道，有时候“吃亏”并不是一种灾难，只有在经历了一番舍弃以后，我们才能获得更多的意外收获。

英国哈利斯食品加工工业公司总经理亨利，有一次突然从化验室的报告单上发现，他们生产食品的配方中，起保鲜作用的添加剂有毒，虽然毒性不大，但长期服用对身体有害。如果不用添加剂，则又会影响食品的新鲜度。

亨利考虑了一下，他认为应以诚对待顾客，于是他毅然把这一有损销量的事情告诉了每位顾客，随之又向社会宣布，防腐剂有毒，对身体有害。

做出这样的举措之后，他承受了很大的压力。食品销路锐减不说，所有从事食品加工的老板都联合起来，用一切手段向他反扑，指责他别有用心，打击别人，抬高自己，他们一起抵制亨利公司的产品，亨利的公司一下子跌到了濒临倒闭的边缘。苦苦挣扎了4年之后，亨利的食品加工公司已经无以为继，但他的名声却家喻户晓。

这时候，政府站出来支持亨利了。哈利斯公司的产品又成了人们放心满意的热门货。哈利斯公司在很短时间内便恢复了元气，规模扩大了两倍。哈利斯食品加工公司一举成为英国食品加工业的“龙头公司”。

很多人认为吃亏是一种损失，自己想要的东西没有得到，或者本来应该拥有的没有获得，心里总会有一种失落的感觉。可是，如果你不舍弃自己的利益，成全别人，就不会得到别人的关注和支持。

深圳有一个农村来的妇女，起初给人当保姆，后来在街头摆小摊儿，卖一个胶卷赚一角钱。她认死理，一个胶卷永远只赚一角。现在她开了一家摄影器材店，门面越做越大，还是一个胶卷赚一角；市场上一个柯达胶卷卖23元，她卖16元1角，批发量大得惊人。深圳搞摄影的没有不知道她的。外地人的钱包丢在她那儿了，她花了很多长途电话费才找到失主；有时候算错账多收了人家的钱，她心急火燎找到人家还钱。听起来像傻子，可赚的钱不得了。在深圳，再牛气的摄影商，也都乖乖地去她那儿拿货。

在很多人眼里，这个深圳妇女总是做着吃亏的傻事，可是正是因为她的勇于吃亏，正是她对于别人的利益的成全，她才能吸引更多的顾客，才能让自己的生意做得越来越红火。所以说，吃亏并不如我们想象中那么可怕，有时候吃亏反而是一种福气。

吃亏是福，需要的是一种潇洒的生活态度，也需要一种做事的魄力。虽然有时候我们需要舍弃的东西并不多，可是能够将自己的东西和利益拱手相让的，还是需要一份勇气，一种风度，一种气量。

关键的时候敢于吃亏，这不仅体现我们大度的胸怀，同时也是做大事业的必要素质。赢到最后的人，才是真正的赢家。

失去可能是另一种获得

人生就像一场旅行，在行程中，你会用心去欣赏沿途的风景，同时也会接受各种各样的考验，这个过程中，你会失去许多，但是，你同样也会收获很多，因为，失去是另一种获得。

有一位住在深山里的农民，经常感到环境艰险，难以生活，于是便四处寻找致富的好方法。一天，一位从外地来的商贩给他带来了一样好东西，尽管在阳光下看去那只是一粒粒不起眼的种子。但据商贩讲，这不是一般的种子，而是一种叫作“苹果”的水果的种子，只要将其种在土壤里，几年以后，就能长成一棵棵苹果树，结出数不清的果实，拿到集市上，可以卖好多钱呢！

欣喜之余，农民急忙将苹果种子小心收好，但脑海里随即涌现出一个问题：既然苹果这么值钱、这么好，会不会被别人偷走呢？于是，他特意选择了一块荒僻的山野来种植这种颇为珍贵的果树。

经过几年的辛苦耕作，浇水施肥，小小的种子终于长成了一棵棵茁壮的果树，并且结出了累累硕果。

这位农民看在眼里，喜在心中。因为缺乏种子的缘故，果树的数量还比较少，但结出的果实也肯定可以让自己过上好一点儿的生活。

他特意选了一个吉祥的日子，准备在这一天摘下成熟的苹果，挑到集市上卖个好价钱。当这一天到来时，他非常高兴，一大早便上路了。

当他气喘吁吁爬上山顶时，心里猛然一惊，那一片红灿灿的果实，竟然被外来的飞鸟和野兽们吃了个精光，只剩下满地的果核。

想到这几年的辛苦劳作和热切期望，他不禁伤心欲绝，大哭起来。他的财富梦就这样破灭了。在随后的岁月里，他的生活仍然艰苦，只能苦苦支撑下去，一天一天地熬日子。不知不觉之间，几年的光阴如流水一般逝去。

一天，他偶然来到了这片山野。当他爬上山顶后，突然愣住了，因为在他面前出现了一大片茂盛的苹果林，树上结满了累累硕果。

这会是谁种的呢？他思索了好一会儿才找到了答案：这一大片苹果林都是他自己种的。

几年前，当那些飞鸟和野兽在吃完苹果后，就将果核吐在了旁边，经过几年的时间，果核里的种子慢慢发芽生长，终于长成了一片更加茂盛的苹果林。

现在，这位农民再也不用为生活发愁了，这一大片林子中的苹果足以让他过上幸福的生活。

从这个故事当中我们可以看出，有时候，失去是另一种获得。花草的种子失去了在泥土中的安逸生活，却获得了在阳光下发芽微笑的机会；小鸟失去了几根美丽的羽毛，经过跌打，却获得了在蓝天下凌空展翅的机会。人生总在失去与获得之间徘徊。没有失去，也就无所谓获得。

一扇门如果关上了，必定有另一扇门打开。你失去了一种东西，必然会在其他地方收获另一种东西。关键是，你要有乐观的心态，相信有失必有得，要舍得放弃，正确对待你的失去。

第三节
不抱怨的磁场，将引来更多的快乐

内心期待什么就能做成什么

我们的内心有着很强大的力量，如果我们一直对生活寄托很多美好的期许，那么即使是在厄运当中，我们的命运也会很快得到扭转。

大学期间，戴尔经常听到同学们谈论想买电脑，但由于售价太高，许多人买不起。戴尔心想："经销商的经营成本并不高，为什么要让他们赚那么丰厚的利润？为什么不由制造商直接卖给用户呢？"戴尔知道，万国商用机器公司规定，经销商每月必须提取一定数额的个人电脑，而多数经销商都无法把货全部卖掉。他也知道，如果存货积压太多，经销商会损失很大。于是，他以很低的价格购得经销商的存货，然后在宿舍里加装配件，改进性能。这些经过改良的电脑十分受欢迎。戴尔见到市场的需求巨大，于是在当地刊登广告，以零售价的八五折推出他那些改装过的电脑。不久，许多商业机构、医疗机构和律师事务所都成了他的顾客。由于戴尔一边上学一边创业，父母一直担心他的学习成绩会受到影响。父亲劝他说："如果你想创业，等你获得学位之后再说吧。"

可是戴尔觉得如果听父亲的话，就是在放弃一个一生难遇的机会。于是，便坦白地告诉父母："我决定退学，自己开公司。""你的梦想到底是什么？"父亲问道。"和万国商用机器公司竞争。"戴尔说。和万国商用机器公司竞争？他的父母大吃一惊，觉得他太不自量力了。但无论他们怎样劝说，戴尔始终不放弃自己的梦想。最终，他和父母达成了协议：他可以在暑假试办一家电脑公司，如果办得不成功，到9月就要回学校去读书。得到父母的允许后，戴尔拿出全部积蓄创办戴尔电脑公司，当时他19岁。

他以每月续约一次的方式租了一个小小的办事处，雇用了一名28岁的经理，负责处理财务和行政工作。在广告方面，他在一只空盒子底上画了戴尔电脑公司第一张广告的草图。朋友按草图重绘后拿到报社去刊登。戴尔仍然专门直销经他改装的万国商用机器公司的个人电脑。第一个月营业额便达到18万美元，第二个月265万美元，仅仅一年，便每月售出个人电脑1000台。积极推行直销、按客户要求装配电脑、提供退货还钱以及对失灵电脑“保证翌日登门修理”的服务举措，为戴尔公司赢得了广阔的市场。大学毕业的时候，迈克尔·戴尔的公司每年营业额已达7000万美元。后来，戴尔停止出售改装电脑，转为自行设计、生产和销售自己的电脑。如今，戴尔电脑公司在全球16个国家设有分公司，每年收入超过20亿美元，有雇员约5500名。戴尔个人的财产，估计在2.5亿到3亿美元之间。假如戴尔不是忠于梦想，并且基于梦想坚决行动的话，显然他是不可能成为当今世界最年轻的富豪的。

内心期待什么就能做成什么。我们都可以按照自己的渴望设计人生。如果你始终觉得自己的生活过于悲惨，渴望构建一个属于自己的人间天堂，那么你每天都告诉自己：“我离天堂很近。”很快你就会觉得自己真的置身于幸福的天堂了。

我们读着弥尔顿的那句话：“境由心生。”就会产生很大的感触，原来心中有天堂，我们就生活在天堂里，心中有地狱，我们就会在地狱中挣扎。我们的生活总是跟着内心变化的，内心期许什么，我们就能做成什么。既然是这样，我们为什么不往好的方面想，让那些不快乐的事情远离我们的生活，给予自己一片纯净而又快乐的天空呢？

生命的本质在于追求快乐

亚里士多德说过，生命的本质在于追求快乐，而使得生命快乐的途径有两条：第一，发现使你快乐的时光，增加它；第二，发现使你不快乐的时光，减少它。快乐的人不是没有黑暗和悲伤的时候，只是他们追寻快乐的状态不会被黑暗和悲伤遮盖罢了。

正如德国思想家席勒所说："只有当人是真正意义上的人时，他才游戏。只有当人游戏时，他才完全是人。"

由于人的价值观不同，所以人们对快乐的理解不同。有人以为吃鲍鱼、燕窝、鱼翅是莫大的幸福，有人却为每天吃鲍鱼、燕窝、鱼翅而感到痛苦。有人以为骑自行车上下班是一种卑微，有人却由于各种压力而不能享受这种轻松自然。

因此，快乐可以分为两类：自然快乐和强迫快乐。如果事情的发展顺遂人意，那么自然要享受快乐，不用刻意寻找快乐。如果事情的发展不尽如人意，而自己又不想承受挫折产生的心灵痛苦，就要想出一些办法，让自己快乐起来。这种快乐就称为强迫性快乐。如果能够在顺心如意的情况下快乐，又能够在背时厄运的情况下保持平和，我们的生活质量就会得到提高。

那么，在竞争激烈的社会中，我们又如何拥有阳光心态，做最快乐的自己呢？

第一，要树立多元化的成功思维模式。

在现代社会中，太多的人不由自主地陷入了一元化成功的陷阱和圈套中。他们在追逐世俗成功标准的过程中，为了达到所谓“成功人士”的要求，过度地追求名利、地位、虚荣和奢华，有时甚至不择手段，结果走进了“成功”的死胡同儿而不能自拔，越“成功”越烦恼，越“成功”越不快乐。坦途变成了坎坷，天堂变成了地狱。

其实，条条大路通罗马，成功的道路不止一条，成功的标准也不止一个。在竞争中脱颖而出是成功，有勇气不断超越自己、不断超越过去的人，同样是成功者。做最阳光的自己就要求我们抛弃一元化成功思维模式，树立多元化成功思维模式，完整、均衡、全面地理解和阐释成功的定义，在活出真实的自我中享受到阳光般的幸福和快乐。

第二，要能够做到操之在我，褒贬由人。

每个人都希望能够得到别人的认可与肯定，这是人的基本心理需求之一，但是，如果这种需求过分强烈，就会造成沉重的精神负担并最终导致心灵的扭曲。“除非我们能够得到别人的承认，否则我们就是默默无闻的，就是没有价值的”。“我们的工作并不重要，得到别人的承认才重要”。这种观念越牢固，精神就越痛苦，越努力就越找不到快乐和幸福。

其实，在很多情况下，我们真的没有自己想象得那么重要。别人邀请你参加晚会或发言，有时只是出于礼貌，甚至希望你最好能知趣地谢绝，或者简单地应付一下即可。西方有句谚语：“20 岁时，我们在意别人对我们的看法；40 岁时，我们不理会别人对我们的看法；60 岁时，我们发现别人根本就没有在意我们。”

因此，不必处处要求别人的认可，如果认可降临，你就坦然地接受它；如果它未能如期而至，你也不要过多地去想它。你的满足应该来自于你的工作和生活本身，你的快乐是为你自己，而不是为别人。

第三，时刻审视“职业竞争不相信眼泪”的道理。

在崇尚效率和结果的今天，职业竞争是不相信眼泪的，一个人的成功速度取决于他对不良情绪的调整速度。在日新月异的竞争时代，我们没有时间为刚才发生的事情懊恼不已或追悔莫及，我们能做的就是让那些不愉快的事情如瞬间飘逝的烟云，用阳光迅速驱除消极的阴霾，让自己去享受工作的挑战、生活的美好和生命的过程。

我们随时都有选择快乐的权利

如果你遇到了挫折，遭遇了失败，心情低落到了极点，情绪坏到了不能再坏到地步，那么请先让自己冷静下来。铺开一张纸，就好像铺开自己的心情一样，把自己的不快乐都列在这张清单上。当然，你还要找出一张纸，上面写上可能让你得到幸福的事情，不要放过任何一个快乐的源泉，比如你长得漂亮、你的身体很健康、你的家人对你很好等等。紧接着，你就可以对比了。这个时候，你就会发现，让你快乐的理由远远多于让你悲伤和难过的理由，既然如此，你就不该再将自己置于悲伤和痛苦的阴影当中了。

多年以前，有一个女孩因为错手伤了人而坐牢，尽管后来被释放，她仍然很痛苦，就到教堂祷告，希望上帝能够分担她的痛苦。看到女孩一脸悲伤，牧师问她发生了什么事。女孩哭了，她泣不成声地说：“我多么不幸啊，我这一辈子都摆脱不了这件事情给我带来的痛苦了……”

听罢她的叙述，牧师对她说：“这位小姐，你是自愿坐牢的。”

女孩被牧师的话吓了一跳，说：“你说什么？我怎么可能自愿坐牢？”

牧师对她说：“你尽管已经从监狱里出来了，但在你的心里，天天心甘情愿地被关在牢里，那你不是自愿坐在心中的牢狱里吗？”

“这是什么意思呢？”女孩不解地问。

“在你身边发生了一件不好的事情，你就好像看了一场不好的电影一样，天天在回想，这不是很笨吗？你改变不了环境，但你可以改变自己；你改变不了事实，但你可以改变态度；你改变不了过去，但你可以改变现在；你不能控制他人，但你可以掌握自己；你不能预知明天，但你可以把握今天；你不可能样样顺利，但你可以事事尽心；你不能延伸生命的长度，但你可以决定生命的宽度；你不能左右天气，但你可以改变心情……”

生活本身已经制造那么多问题了，如果我们又进一步在脑子里提炼出那么多不快乐，的确是在增加心理的负荷。每天都要面对那么多无法预测的事情，还要承受自己给自己制造的不快乐，这本身难道不是一种愚蠢的行为吗？

我们不要再强调那些不快乐，来看看怎么才能停止制造不幸的过程：我们是因为想不快乐的事情，使用我们惯有的悲观情绪去想问题，所以才变得不快乐的。那么，只要我们停止再想这些问题，停止用悲观的眼睛看待世界，就会开心得多。

其实一个人在任何时候都面临着快乐和不快乐两个方面的选择，也许我们不能在任何环境下都选择快乐，但是我们必须知道，我们在任何时候都有选择快乐的权利。

活着，就是一种幸福

有位青年，厌倦了生活，感到一切只是无聊和痛苦。为寻求刺激，青年参加了挑战极限的活动。活动规则是：一个人待在山洞里，无光无火亦无粮，每天只供应 5 千克的水，时间为整整 5 个昼夜。

第一天，青年颇觉刺激。

第二天，饥饿、孤独、恐惧一齐袭来，四周漆黑一片，听不到任何声响。于是他有点向往起平日里的无忧无虑来。

他想起了乡下的老母亲不远千里赶来，只为送一坛韭菜花酱以及一双小孙子的虎头鞋；他想起了终日相伴的妻子在寒夜里为自己掖好被子；他想起了宝贝儿子为自己端的第一杯水；他甚至想起了与他发生争执的同事曾经给自己买过的一份工作餐……渐渐地，他后悔起平日里对生活的态度来：懒懒散散，敷衍了事，冷漠虚伪，无所作为。

到了第三天，他几乎要饿昏过去。可是一想到人世间的种种美好，便坚持了下来。第四天、第五天，他仍然在饥饿、孤独、极大的恐惧中反思过去，向往未来。

他责骂自己竟然忘记了母亲的生日；他遗憾妻子分娩之时未尽照料义务；他后悔听信流言与好友分道扬镳……他这才觉出需要他努力弥补的事情竟是那么多。可是，连他自己也不知道，他能不能挺过最后一关。此时,泪流满面的他发现:洞门开了。阳光照射进来，白云就在眼前，淡淡的花香，悦耳的鸟鸣——他又迎来了一个美好的人间。

青年扶着石壁慢慢走出山洞，脸上浮现出了一丝难得的笑容。五天来，他一直用心在说一句话，那就是：活着，就是幸福。

放下死亡的包袱，敲开自己的心扉，积极地对待生活中的每一天，你才能好好地活着。

一位名人去世了，朋友们都来参加他的追悼会。昔日前呼后拥、香车宝马的名人躺在骨灰盒里，百万家财不再属于他，宽敞的楼房也不再属于他，他所拥有的只有一个骨灰盒大小的空间。

从名人的追悼会上回来，几乎每一个人都对生命有了新的看法。

那么聪明的一个人，那么会算计的一个人，每一个曾经与他斗的人最终都败下阵来，可是他斗来斗去也斗不过命。撒手人寰以后，一切都是空。

人们想：趁现在好好活着吧，活着就是幸福，什么利、权、势，轰轰烈烈了一世，最后还不是一个人孤零零？以前踩着那么多人的肩膀向上爬，得罪了那么多人，值么？

追悼会是一次洗礼。从死亡的身边经过以后，才知道活着究竟是怎么回事。

可是，明天还是要忙忙碌碌地奔波，钩心斗角地生活。

一边是死亡的震撼，一边是活着的琐碎，我们很容易被死亡震撼，然而我们更容易被活着的琐碎淹没。不要去在意那些繁杂的纠葛、苦痛、伤害、低迷等，一切的一切仅仅是生活中小小的注脚而已。活着，即意味着追求幸福的资本和契机。活着就是幸福，让我们好好珍惜现在鲜活的生命。

活在当下，不透支生活的烦恼

有个小和尚，每天早上负责清扫寺院里的落叶。

清晨起床扫落叶实在是一件苦差事，尤其在秋冬之际，每一次起风时，树叶总随风飞舞。每天早上都需要花费许多时间才能扫完树叶，这让小和尚头痛不已，他一直想要找个好办法让自己轻松些。

后来有个和尚跟他说：“你在明天打扫之前先用力摇树，把落叶统统摇下来，后天就可以不用扫落叶了。”小和尚觉得这是个好办法，于是隔天他起了个大早，使劲猛摇树，这样他就可以把今天跟明天的落叶一次扫干净了。一整天小和尚都非常开心。

第二天，小和尚到院子里一看，不禁傻眼了，院子里如往日一样满地落叶。老和尚走了过来，对小和尚说："傻孩子，无论你今天怎么用力，明天的落叶还是会飘下来。"小和尚终于明白了，世上有很多事是无法提前的，唯有认真地活在当下，才是最正确的人生态度。

库里希坡斯曾说："过去与未来并不是'存在'的东西，而是'存在过'和'可能存在'的东西。唯一'存在'的是现在。"

活在当下是一种全身心地投入人生的生活方式。当你活在当下，而没有过去拖在你后面，也没有未来拉着你往前时，你全部的能量都集中在这一时刻，生命因此具有一种巨大的张力。"当下"给你一个深深地潜入生命水中或是高高地飞进生命天空的机会。当然在两边都有危险——"过去"和"未来"是人类语言里最危险的两个词。生活在过去和未来之间的当下就好像走在一条绳索上，在它的两边都有危险。但是一旦你尝到了"当下"这个片刻的甜蜜，你就不会去顾虑那些危险；一旦你跟生命保持同一步调，其他的就无关紧要了。对你而言，生命就是一切。

当生命走向尽头的时候，你问自己一个问题：你对这一生还存有遗憾吗？你认为想做的事你都做了吗？你有没有好好笑过、真正快乐过？

想想看，你这一生是怎么度过的：年轻的时候，你拼了命想挤进一流的大学；随后，你巴不得赶快毕业找一份好工作；接着，你迫不及待地结婚、生小孩；然后，你又整天盼望小孩快点长大，好减轻你的负担；后来，小孩长大了，你又恨不得赶快退休；最后，你真的退休了，不过，你也老得几乎连路都走不动了……当你正想停下来好好喘口气的时候，生命也快要结束了。

其实，这不就是大多数人的写照吗？他们劳碌了一生，时时刻刻为生命担忧，为未来做准备，一心一意计划着以后发生的事，却忘了把眼光放在“现在”，等到时间一分一秒地溜过，才恍然大悟。

智者常劝世人要“活在当下”，到底什么叫作“当下”？简单地说，“当下”指的就是：你现在正在做的事、待的地方、周围一起工作和生活的人。“活在当下”就是要你把关注的焦点集中在这些人、事、物上面，认真地去接纳、品尝、投入和体验这一切。

而事实上，大多数的人都无法专注于“现在”，他们总是若有所想，心不在焉，想着明天、明年甚至下半辈子的事。假若你时时刻刻都将力气耗费在未知的未来，却对眼前的一切视若无睹，你永远也不会得到快乐。一位作家这样说过：“当你存心去找快乐的时候，往往找不到，唯有让自己活在‘现在’，全神贯注于周围的事物，快乐才会不请自来。”或许人生的意义，不过是嗅嗅身旁绚丽的花，享受一路走来的点点滴滴而已。毕竟，昨日已成历史，明日尚不可知，只有“现在”才是上天赐予我们最好的礼物。

许多人喜欢预支明天的烦恼，想要早一步将它解决掉。其实，明天如果有烦恼，你今天是无法解决的，每一天都有每一天的人生功课要交，努力做好今天的功课再说吧！用平常心对待每一天，用感恩的心对待当下的生活，我们才能理解生活和快乐的真正含义。

看淡得失，也就减少了痛苦

人生之中，难免会经历这样或那样的波折。面对生活中的痛苦，如果一味沉浸在对命运的抱怨中，那么我们看到的只能是漫无天际的悲观和失望，可是如果保持一颗豁达的心，即使是在人生的风雪里，也只会把它当成是一种风景来观赏。

曼德拉因为领导反对白人种族隔离的政策而入狱。白人统治者把他关在荒凉的大西洋小岛罗本岛上 27 年。当时曼德拉年事已高，但白人统治者依然像对待年轻犯人一样对他进行残酷的虐待。

罗本岛上布满岩石，到处是海豹、蛇和其他动物。曼德拉被关在总集中营一个“锌皮房”里，白天打石头，将采石场的大石块碎成石料。他有时要下到冰冷的海水里捞海带，有时干采石灰的活儿——每天早晨排队到采石场，然后被解开脚镣，在一个很大的石灰石场里，用尖镐和铁锹挖石灰石。因为曼德拉是要犯，看管他的看守就有3人。他们对他并不友好，总是寻找各种理由虐待他。

谁也没有想到，1991年曼德拉出狱当选总统以后，他在就职典礼上的一个举动震惊了整个世界。

总统就职仪式开始后，曼德拉起身致辞，欢迎来宾。他依次介绍了来自世界各国的政要，然后他说，能接待这么多尊贵的客人，他深感荣幸，但他最高兴的是，当初在罗本岛监狱看守他的3名狱警也能到场。随即他邀请他们起身，并把他们介绍给大家。

曼德拉的博大胸襟和宽容精神，令那些残酷虐待了他27年的白人汗颜，也让所有到场的人肃然起敬。看着年迈的曼德拉缓缓站起，恭敬地向3个曾关押他的看守致敬，在场的所有来宾以至整个世界，都静下来了。

后来，曼德拉向朋友们解释说，自己年轻时性子很急，脾气暴躁，正是狱中生活使他学会了控制情绪，因此才活了下来。牢狱岁月给了他时间与激励，也使他学会了如何处理自己遭遇的痛苦。他说，感恩与宽容常常源自痛苦与磨难，必须通过极强的毅力来训练。获释当天，他的心情平静：“当我迈过通往自由的监狱大门时，我已经清楚，自己若不能把悲痛与怨恨留在身后，那么我其实仍在狱中。”

没错，面对生活中的磨难，如果不能以一颗豁达的心面对，那么我们只能一直生活在痛苦当中。在生活中，很多人都不能放下心中的痛苦，他们觉得是命运的亏待，让他们感受到了别人品尝不到的痛苦。所以，他们愤恨，他们抱怨，甚至于还会想到要报复。

可是，即便是我们把不快都发泄给了另一个人，我们仍然没有办法减轻心中的痛苦，因为我们不曾放下。所以，与其将别人卷入痛苦之中，不如我们自己释怀，看淡得失，也就看淡了人生的风景。

幸福在于失意时的忘却

有人这样问："爱情没有了，回忆起来甜蜜多一点还是痛苦多一点？"我们常常会遇到这样的问题，很多人觉得失去了当然是痛苦大于幸福，想起分手时刻的那些伤害，想起流泪时的心情都会让人心中痛苦。而有一个人却说："分手了，我记得最多的还是甜蜜，因为我忘记了那些痛苦，留在记忆里最多的还是曾经有一份很美的爱情。"的确，很多时候，我们伤心、痛苦的时候，最多的还是因为我们无法忘记，无法忘记那些伤痛和失意，那些记忆犹如明镜一般被我们悬挂起来，每天都在看，每时都在想，这样的话我们又怎能快乐呢？所以，在失意的时候，应当学会忘记，忘记那些不快，才能够真正的快乐，才能开始新的生活。

生于尘世，每个人都不可避免地要经历苦雨凄风，面对艰难困苦，想开了就是天堂，想不开就是地狱，而忘记就是一服良药，愈合你的伤口，让你怀着新的希望上路。

人的一生，就像一趟旅行，沿途中有数不尽的坎坷泥泞，但也有看不完的春花秋月。如果我们的一颗心总是被灰暗的风尘所覆盖，干涸了心泉、暗淡了目光、失去了生机、丧失了斗志，我们的人生轨迹岂能美好？而如果我们能保持一种健康向上的心态，即使我们身处逆境、四面楚歌，也一定会有"山重水复疑无路，柳暗花明又一村”的那一天。

悲观失望者一时的呻吟与哀叹虽然能得到短暂的同情与怜悯，但最终的结果必然是别人的鄙夷与厌烦；而乐观上进的人，经过长期的忍耐与奋斗，最终赢得的将不仅仅是鲜花与掌声，还有那饱含敬意的目光。

虽然，每个人的人生际遇不尽相同，但命运对每一个人都是公平的。因为窗外有土也有星，就看你能不能磨砺一颗坚强的心、一双智慧的眼，透过岁月的尘寻觅到辉煌灿烂的星星。只不过你永远忘不掉曾经的荆棘，所以你总畏惧前行。

很多人在失意的时候学会了抱怨，学会了沉沦。忘不掉别人给予的伤痛，莫过于拿别人的错误来惩罚自己。就如失恋，不是因为你自己不够优秀，也不是因为你自己倒霉，而是你在错误的时间遇到了不适合的人。分开很正常，因为你需要腾出时间和位置去给那个适合的人，但是从你沉沦的那一刻起，你的记忆里装满的都是曾经的伤，又怎能给那个真正适合的人空间呢？所以一个塞满了旧的回忆的大脑，永远无法让新鲜的东西进来。

在生活中，有很多的无奈要我们去面对，有很多的道路需要我们去选择。忘记一些原本不应该属于自己的，去追寻前方更加美好的。忘记一些烦琐，为大脑减负，忘记那些怅惘，为了轻快地歌唱；忘记一段凄美，为了轻柔地梦想。忘记，是一种伤感，但更是一种美丽。

人生苦旅，等闲视之

人生难免会有失意的时候，事业上的、情感上的、家庭上的等等。面对失意，强者以一颗自强不息的心不断进取，弱者就是面对一张薄纸，也不愿伸手戳破，去达到自己的目的。一个人拿到一手坏牌时，一定要保持自立自强的姿态，奋力前行。

有一个农民，只上了几年学，家里就没钱继续供他上学了。他辍学回家，帮父亲耕种二亩薄田。在他18岁时，父亲去世了，家庭的重担全部压在了他的肩上。他要照顾身体不佳的母亲，还有瘫痪在床的祖母。

改革开放后，农田承包到户。他把一块水田挖成池塘，想养鱼。但村里的干部告诉他，水田不能养鱼，只能种庄稼，他只好又把水塘填平。这件事成了一个笑话，在别人看来，他是一个想发财但又非常愚蠢的人。

听说养鸡能赚钱，他向亲戚借了300元钱，养起了鸡。但是一场大雨后，鸡得了鸡瘟，几天内全部死光。300元对别人来说可能不算什么，对一个只靠二亩薄田生活的家庭而言，可谓天文数字。他的母亲受不了这个刺激，忧劳成疾而死。

他后来酿过酒，捕过鱼，甚至还在石矿的悬崖上帮人打过炮眼……可都没有赚到钱。

36岁的时候，他还没有娶到媳妇。即使是离异的有孩子的女人也看不上他，因为他只有一间土屋，随时有可能在一场大雨后倒塌。娶不上老婆的男人，在农村是没有人看得起的。

但他还是没有放弃，不久他就四处借钱买一辆手扶拖拉机。不料，上路不到半个月，这辆拖拉机就载着他冲入一条河里。他断了一条腿，成了瘸子。而那辆拖拉机，被人捞起来时，已经支离破碎，他只能拆开它，当作废铁卖。

几乎所有的人都说他这辈子完了。

但多年后他还是成了一家公司的老总，手中有一亿元的资产。现在，许多人都知道他苦难的过去和富有传奇色彩的创业经历。许多媒体采访过他，许多报告文学描述过他。曾经有记者这样采访他：

记者问："在苦难的日子里，你凭借什么一次又一次毫不退缩？"

他坐在宽大豪华的老板台后面，喝完了手里的一杯水。然后，他把玻璃杯子握在手里，反问记者："如果我松手，这只杯子会怎样？"

记者说："摔在地上，碎了。"

"那我们试试看。"他说。

他手一松，杯子掉到地上发出清脆的声音，但并没有破碎，而是完好无损。他说："即使有10个人在场，他们都会认为这只杯子必碎无疑。但是，这只杯子不是普通的玻璃杯，而是用玻璃钢制作的。"

是啊！这样的人，即使只有一口气，他也会努力去拉住成功的手，除非上苍剥夺了他的生命……

这位成功者开始的境遇不但很坏，甚至可以说糟透了，但他硬是将原本悲惨的命运改变了。他依靠的是什么？就是在失意的时候，他从来没有放弃过，自强、自立使他一路风雨兼程最终走向了成功。

面对挫折，只有自强者才能战胜困难、超越自我。如果一味地想着等待别人来帮忙，只能落得失败的下场。凭着自己的努力可以解决任何问题，永远可以依赖的人只有自己！

有一颗清净的心

1918年8月19日，一度风流倜傥悠游于海上名流之间的才子、名士李叔同离妻别子，悄然遁入空门，法号弘一。今天，读过弘一大师传记的人，大概都不会忘记他是以怎样珍惜和满足的神情面对盘中餐：那不过是最普通的萝卜和白菜，他用筷子小心地夹起放在嘴里，似在享用山珍海味。正像他的好友所说："在他，什么都好，旧毛巾好、草鞋好、萝卜好、白菜好、草席好……"

而令人惊奇的是，这位备受敬仰的人物，原本生长在"黄金白玉非为贵"的富豪之家。

"惜衣惜食，非为惜财缘惜福；爱人爱物，到了方知爱自己。"以惜福的心态度过生命中的每一天，怎能不会产生知足、安详、欢愉、幸福的感觉呢？

有一场举世瞩目的赛事，台球世界冠军已走到卫冕的门口。他只要把最后那个8号黑球打进球门，凯歌就奏响了。就在这时，不知从什么地方飞来一只苍蝇。苍蝇第一次落在他握杆的手臂上。有些痒，冠军停下来。苍蝇飞走了，这回竟落在了冠军锁着的眉头上。冠军只好不情愿地停下来，烦躁地去打那只苍蝇。苍蝇又轻捷地脱逃了。冠军做了一番深呼吸再次准备击球。天啊！他发现那只苍蝇又回来了，像个幽灵似的落在了8号黑球上。冠军怒不可遏，拿起球杆对着苍蝇捅去。苍蝇受到惊吓飞走了，可球杆触动了黑球，黑球当然没有进洞。按照比赛规则，该轮到对手击球了。对手抓住机会死里逃生，一口气把自己该打的球全打进了。

卫冕失败，冠军恨死了那只苍蝇。在众人的喧哗中，冠军不堪重负，不久就自己结束了生命。临终时他对那只苍蝇还耿耿于怀。一只苍蝇和一个冠军的命运胶着在一起，也许是偶然的。倘若冠军能制怒并静待那只苍蝇飞走的话，故事的结局也许就会重写了。

一个心智成熟的人，必定能控制住自己所有的情绪与行为，不会像野马那样为一点小事抓狂。当你仔细地审思自己时，你会发现自己既是自己最好的朋友，也是自己最大的敌人。特别是你要控制别人之前，一定要先控制住自己。如果你不能征服自己，你就可能永远错失幸福。

虽然生活中，幸福没有统一的答案，也没有一定的模式。但是它同样需要一种捕获的心境。幸福的内涵无限丰富，只要你善于捕捉，用心灵去发现，哪怕是一条温暖的短信问候，一句关爱的叮咛，一缕初夏的凉风，一幕日常生活琐碎的片段……你都能感受到幸福，因为你拥有一颗懂得享受幸福的心。

声色犬马常使心灵浑浊、辛苦、茫然。古人说，淡泊以明志，宁静而致远。简简单单地生活，简简单单地去发觉点滴间存在的小小幸福。

幸福其实是无遮无拦的，它就像山坡上静静地吐着芬芳的野花，没有围墙，也不需要门票，只要有一颗清净的心和一双未被遮住的眼睛，就能得到。

第四节
不要给负面想法任何余地

世上没有任何事情是值得忧虑的

获得平静的心有一个很重要的方法，那就是将心灵腾空。你可以多尝试几次，但是一定要腾空心中的恐惧、仇恨、不安全感、内疚、悔恨和罪恶感。事实上，只要你腾空自己的心灵，就会缓和你的痛苦和负担。如果你不这样做，一味地忧虑下去，那么你只是在折磨自己，事情不会发生任何改变。

一个商人的妻子不停地劝慰着她那在床上翻来覆去足有几百次的丈夫："睡吧，别再胡思乱想了。"

"嗨，老婆子啊，"丈夫说，"几个月前，我借了一笔钱，明天就到还钱的日子了。可你知道，咱家哪有钱啊！你也知道，借给我钱的那些邻居们比蝎子还毒，我要是还不上钱，他们能饶得了我吗？为了这个，我能睡得着吗？"

妻子试图劝他，让他宽心："睡吧，等到明天，总会有办法的，我们说不定能弄到钱还债的。"

"不行了，一点儿办法都没有啦！"丈夫喊叫着。

最后，妻子忍耐不住了，她爬上房顶，对着邻居家高声喊道："你们知道，我丈夫欠你们的债明天就要到期了。现在我告诉你们：我丈夫明天没有钱还债！"她跑回卧室，对丈夫说："这回睡不着觉的不是你，而是他们了。"

如果凌晨三、四点的时候，你还忧虑在心头，似乎全世界的重担都压在你肩膀上：到哪里去找一间合适的房子？找一份好一点的工作？怎样可以使那个啰唆的主管对你有好印象？儿子的健康、女儿的行为、明天的伙食、孩子们的学费……可怜！你的脑子里有许多烦恼、问题和亟待要做的事在那里滚转翻腾！女儿的男友配得上她吗？粮食会不会又要涨价了？可怜！你脑子里的思绪东飘西荡，你仿佛永远无法再入睡了！

不，你会睡着的，只要你采取一个简单的步骤，对自己说一句简短的话，说上几遍，每一次要深呼吸，放松！你要对自己说，同时心里也要真的这样想："不要怕。"

深呼吸，一切由它去！睁开眼睛，再轻松地闭起来，告诉自己："不要怕。"要仔细想想这些有魔力的字句，而且要真正相信，不要让你的心仍彷徨在恐惧和烦恼之中。

有一点，我们不能将忧虑与计划安排混为一谈，虽然二者都是对未来的一种考虑。如果你是在制订未来的计划，这将更有助于你现实中的活动，使你对未来有自己的具体想法与行动指南。而忧虑只是因今后可能发生的事情而产生惰性。忧虑是一种流行的社会通病，几乎每个人都要花费大量的时间为未来担忧。忧虑既然如此消极而无益，既然你是在为毫无积极效果的行为浪费自己宝贵的时光，那么你就必须改变这一缺点。

请记住一点，世上没有任何事情是值得忧虑的，绝对没有！你可以让自己的一生在对未来的忧虑中度过，但是你要知道，无论你多么忧虑，甚至抑郁而死，你也无法改变现实。

只要心中有灯，就能驱散黑暗

真正的智者，总是站在有光的地方。太阳很亮的时候，生命就在阳光下奔跑。当太阳熄灭，还会有那一轮高挂的明月。当月亮熄灭了，还有满天闪烁的星星，如果星星也熄灭了，那就为自己点一盏心灯吧。无论何时，只要心灯不灭，就有成功的希望。

紫霄未满月就被白发苍苍的奶奶抱回家。奶奶含辛茹苦把她养到小学毕业，狠心的父母才从外地返家。父母重男轻女，对女儿非常刻薄。她生病时，父母会变本加厉地虐待她，母亲说："我看你就来气，你给我滚，又有河又有老鼠药又有绳子，有志气你就去死！"还残忍地塞给她一瓶"安定"。13 岁的小姑娘没有哭，在她幼小的心灵里，萌生了强烈的愿望——她一定要活下去，并且还要活出一个人样来！

被母亲赶出家门，好心的奶奶用两条万字糕和一把眼泪，把她送到一片净土——尼姑庵。紫霄满怀感激地送别奶奶后，心里波翻浪涌，难道我的生命就只能耗在这没有生气的尼姑庵中吗？在尼姑庵，法名静月的紫霄得了胃病，但她从不叫痛，甚至在她不愿去化缘而被老尼姑惩罚时，她也不皱眉不哭，但是叛逆的个性正在潜滋暗长。在一个淅淅沥沥的清晨，她揣上奶奶用鸡蛋换来的干粮和卖棺材得来的路费，踏上了西去的列车。几天后，她到了新疆，见到了久违的表哥和姑妈。在新疆，她重返课堂，度过了幸福的半年时光。在姑妈的建议下，她回安徽老家办户口迁移手续。回到老家，她发现再也回不了新疆了，父母要她顶替父亲去厂里上班。

她拿起了电焊枪，那年她才 15 岁。她没有向命运低头，因为她的心中还有梦。紫霄业余苦读，第二年参加高考，她考取了安徽省中医学院。然而她知道因为家庭的原因自己无法实现自己的梦想，大学经常成为她夜里做梦的主题。

1988年底，紫霄的第一篇习作被《巢湖报》采用，她看到了生命的一线曙光，她要用缪斯的笔来拯救自己。多少个不眠之夜，她用稚拙的笔饱蘸浓情，抒写自己的苦难与不幸，倾诉自己的顽强与奋争。多篇作品飞了出去，耕耘换来了收获，那些心血凝聚的稿件多数被采用，还获了各种奖项。1989年，她抱着自己的作品叩开了安徽省作协的门，成了其中的一员。

文学是神圣的，写作是清贫的。紫霄毅然放弃了从父亲手里接过的“铁饭碗”，开始了艰难的求学生涯。因为她知道，仅凭自己现在的底子，远远不能成大器。她到了北京，在鲁迅文学院进修。为生计所迫，生性腼腆的她卖起了报纸。骄阳似火，地面晒得冒烟，紫霄挥汗如雨，怯生生地叫卖。天有不测风云，在一次过街时，飞驰而过的自行车把她撞倒了。看着肿起的脚踝，紫霄的第一个反应是这报卖不成了。她没有丧失信心，用卖报赚来的钱补足了欠交的学费，只休息了几天，又一次开始了半工半读的生活。命运之神垂怜她，让她结识了莫言、肖亦农、刘震云、宏甲等作家，有幸亲聆教诲，她感到莫大的满足。

为了节省开支，紫霄住在某空军招待所的一间堆放杂物的仓库里。晚上，这里就成了她的“工作室”，她的灯常常亮到黎明。礼拜天，她包揽了招待所上百床被褥的浆洗活，有一次她累昏在水池旁，幸遇两位女战士把她背回去，灌了两碗姜汤，她苏醒后便接着去洗。她的脸上和手上有了和她年龄不相称的老茧和裂口。

紫霄后来的经历就要“顺利”得多。随文怀沙先生攻读古文、从军、写作、采访以至成名，这一切似乎顺理成章，然而这一切又不平凡。她是一个坚强的女子，是一个不向困难俯首称臣的不屈的奇女子。她把困难视作生命的必修课，而她得了满分。

“一个人最大的危险是迷失自己，特别是在苦难接踵而至的时候……命运的天空被涂上一层阴霾的乌云，她始终高昂那颗不愿低下的头。因为她胸中有灯，它点燃了所有的黑暗。”一篇采访紫霄的专访在题词中写了这样的话，在主人公心中，那盏灯就是自己永远也未曾放弃过的希望。

悲观是自酿的苦酒

女作家张爱玲的一生完整地注释了悲观给人带来的负面影响是多么巨大。

张爱玲一生聚集了一大堆矛盾，她是一个善于将艺术生活化、将生活艺术化的享乐主义者，又是一个对生活充满悲剧感的人；她是名门之后、贵族小姐，却宣称自己是一个自食其力的小市民；她悲天悯人，时时洞见芸芸众生“可笑”背后的“可怜”，但在实际生活中却显得冷漠寡情；她在40年代的上海大红大紫，几十年后，她在美国又深居简出，过着与世隔绝的生活。所以有人说：“只有张爱玲才可以同时承受灿烂夺目的喧闹与极度的孤寂。”

这种生活态度的确不是普通人能够承受和理解的，但用现代心理学的眼光看，其实张爱玲的这种生活态度源于她始终抱着一种悲观的心态活在人间，这种悲观的心态让她无法真正地融入生活，因此她总在两种生活状态里不停地左右徘徊。

张爱玲悲观苍凉的色调，深深地沉积在她的作品中，使其作品产生了巨大而独特的艺术魅力。但无论作家用怎样流利优美的文字，写出怎样可笑或传奇的故事，终不免露出悲音。那种渗透着个人身世之感的悲剧意识，使她能与时代生活中的悲剧氛围相通，从而在更广阔的历史背景上臻于深广。

张爱玲所拥有的深刻的悲剧意识，并没有把她引向西方现代派文学那种对人生彻底绝望的境界。个人气质和文化底蕴最终决定了她只能回到传统文化的意境，且不免自伤自恋，因此在生活中，她时而在世俗的喧嚣中沉浸，时而又陷入极度的寂寞中，最后孤老死去。

张爱玲的悲剧人生让我们看到了悲观对一个人的戕害是多么惨重。现实生活中，不止文豪有这样的悲观情绪，平常的人也会经历这样的心情。

有一位年老的父亲，他有两个儿子，他们都很可爱。在圣诞节来临前，父亲分别送给他们完全不同的礼物，在夜里悄悄把这些礼物挂在圣诞树上。第二天早晨，哥哥和弟弟都早早起来，想看看圣诞老人给自己的是什么礼物。哥哥的礼物很多，有一把气枪，有一辆崭新的自行车，还有一只足球。哥哥把自己的礼物一件一件地取下来，却并不高兴，反而忧心忡忡。

父亲问他："是礼物不好吗？"哥哥拿起气枪说："看吧，这支气枪我如果拿出去玩，没准会把邻居的窗户打碎，那样一定会招来一顿责骂。还有，这辆自行车，我骑出去倒是高兴，但说不定会撞到树干上，会把自己摔伤。而这只足球，我终归会把它踢爆的。"父亲听了没有说话。

弟弟除了一个纸包外，什么也没有。他把纸包打开后，不禁哈哈大笑起来，一边笑，一边在屋子里到处找。父亲问他："为什么这样高兴？"他说："我的圣诞礼物是一包马粪，这说明肯定会有一匹小马驹就在我们家里。"最后，他果然在屋后找到了一匹小马驹。父亲也跟着他笑起来："真是一个快乐的圣诞节啊！"

其实，在工作和生活中，很多事情也是这样，乐观情绪总会带来快乐明亮的结果，而悲观的心理则会使一切变得灰暗。受苦的人，没有悲观的权利；失火时，没有怕黑的权利；战场上，只有不怕死的战士才能取得胜利；也只有受苦而不悲观的人，才能克服困难，脱离困境。

我们不仅要在快乐的时候微笑，更要学会在面对困难的时候微笑，因为只有这样，你才能在挫折面前精神不倒；只有这样，你才能告别悲伤的凄凉，迎接生活的春日暖阳。

世界因你的心情而改变

生活对于我们每个人本来都是一样的，但一经各人不同的"心态"诠释后，便代表了不同的意义，因而形成了不同的事实、环境和世界。心态改变，则事实就会改变；心中是什么，则世界就是什么。心里装着哀愁，眼里看到的就全是黑暗，抛弃已经发生的令人不痛快的事情或经历，才会迎来新心情下的新乐趣。

有一天，詹姆斯忘记关上餐厅的后门，结果早上三个持枪歹徒闯入抢劫，他们要挟詹姆斯打开保险箱。由于过度紧张，詹姆斯弄错了一个号码，造成抢匪的惊慌，开枪射击詹姆斯。幸运的是，詹姆斯很快被邻居发现了，紧急送到医院抢救，经过 18 小时的外科手术以及长时间地悉心照顾，詹姆斯终于出院了，但还有块子弹留在他身上……

事件发生六个月之后我遇到詹姆斯，问起当抢匪闯入时，他的心路历程。詹姆斯答道："当他们击中我之后，我躺在地板上，还记得我有两个选择：我可以选择生，或选择死。我选择活下去。"

"你不害怕吗？"我问他。詹姆斯继续说："医护人员真了不起，他们一直告诉我没事、放心。但是在他们将我推入紧急手术间的路上，我看到医生跟护士脸上忧虑的神情，我真的被吓到了，他们的脸上好像写着——他已经是个死人了！我知道我需要采取行动。”

“当时你做了什么？”我问。

詹姆斯说：“当时有个护士用吼叫的音量问我一个问题，她问我是否会对什么东西过敏。我回答‘有’。”

“这时，医生跟护士都停下来等待我的回答。我深深地吸了一口气喊着：‘子弹！’等他们笑完之后，我告诉他们：‘我现在选择活下去，请把我当作一个活生生的人来开刀，不是一个死人。’”

詹姆斯能活下来当然要归功于医生的精湛医术，但同时也缘于他令人吃惊的求生态度。我们能从他身上学到，每天你都能选择享受你的生命，或是憎恨它。这是唯一一件真正属于你的权利。没有人能够控制或夺去的东西，就是你的态度。如果你能时时注意这件事实，你生命中的其他事情都会变得容易许多。

心情的颜色会影响世界的颜色。如果一个人，对生活抱一种达观的态度，就不会稍有不如意就自怨自艾，只看到生活中不完美的一面。在我们的身边，大部分终日苦恼的人，实际上并不是遭受了多大的不幸，而是自己的内心素质存在着某种缺陷，对生活的认识存在偏差。事实上，生活中有很多坚强的人，即使遭受挫折，承受着来自于生活的各种各样的折磨，他们在精神上也会岿然不动。充满着欢乐与战斗精神的人们，永远不会为困难所打倒，在他们的心中始终承载着欢乐，不管是雷霆与阳光，他们会给予同样的欢迎和珍视。

冬天里保持对温暖的想象

在日本有一个学业优秀的青年，去报考一家大公司，结果名落孙山。这位青年得知这一消息后，深感绝望，顿生轻生之念，幸亏抢救及时，自杀未遂。不久传来消息，他的考试成绩名列榜首，是统计考分时，电脑出了差错，他被公司录用了。但很快又传来消息，说他又被公司解聘了，理由是一个人连如此小的打击都承受不起，又怎么能在今后的岗位上建功立业呢?

在我们的周围，有很多人之所以没有成功，并不是因为他们缺少智慧，而是因为他们面对生活的挫折没有坚持下去的勇气，他们自认为已陷入绝境，只知道悲观失望。

其实，在生命的长河中，谁也不会是一帆风顺的，总会遇到寒冷的“冬天”。而只有敢于面对挫折、对生活抱有希望的人，才能走出阴霾，迈向光明的人生。

有一位泰国企业家玩腻了股票，转而炒房地产，他把自己所有的积蓄和从银行贷到的大笔资金投了进去，在曼谷市郊盖了 15 栋配有高尔夫球场的豪华别墅。但时运不济，他的别墅刚刚盖好，亚洲金融危机爆发了，他的别墅卖不出去，还不起贷款。这位企业家只能眼睁睁地看着别墅被银行没收，连自己住的房子也被拿去抵押，还欠了一笔巨额债务。

这位企业家的情绪一时低落到了极点，他从来没想到对做生意一向轻车熟路的自己会陷入这种困境。

让人敬佩的是，他并没有因此而消极，他决定东山再起。他的太太是做三明治的能手。她建议丈夫去街上叫卖三明治。企业家经过一番思索后答应了。从此曼谷街头就多了一个头戴小白帽、胸前挂着售货箱的小贩。

昔日亿万富翁沿街卖三明治的消息不胫而走，买三明治的人骤然增多，有的顾客出于好奇，有的出于同情。许多人吃了这位企业家的三明治后，为这种三明治的独特口味所吸引。现在这位泰国企业家的三明治生意越做越大，他慢慢地走出了人生的低谷。

他叫施利华，几年来，他以自己不屈的奋斗精神赢得了人们的尊重。在 1998 年泰国《民族报》评选的“泰国十大杰出企业家”中，他名列榜首。作为一个创造过非凡业绩的企业家，施利华曾经备受人们关注，在他事业的鼎盛期，不要说自己亲自上街叫卖，寻常人想见一见他，恐怕也得反复预约。上街卖三明治不是一件惊天动地的大事，但对于习惯了发号施令的施利华，从最底层做起，无疑需要极大的勇气。

有位哲人说过：“什么是路？路就是从没路的地方踩踏出来的，从只有荆棘的地方开辟出来的。”既然人生如此不如意，那就鼓起你的勇气，去开辟一条道路。不要把勇气想得多伟大、多高尚，其实，是否具有勇气有时就在于你是否对未来存有希望。

当我们的企业面临困境，甚至破产的时候，很多人开始痛心、绝望，尤其是那些带领着企业由小变大的老总们，痛心于如同自己亲手养大的孩子就这样毁掉，难道今后真的就没有了希望？其实，只要怀有希望，依然可以东山再起，人常言：“留得青山在，不怕没柴烧。”任何时候，只要人在就有希望，遇到任何处境都不至于绝望，流过血，流过泪，付出了汗水，痛哭过后，擦干了眼泪，一切可以重新开始。

其实，陷入绝望的境地往往是对今后的路没有信心，或者是对曾经得到而又失去的东西无法得到的痛心，所以有人会因此而绝望。人常说“绝境逢生”，很多时候，有些事情看起来没有回旋的余地了，但只要不放弃，很可能就会出现转机。

生活中，没有任何困难或逆境可以成为我们畏缩不前的理由，当我们陷入困境、一蹶不振时，一定要拿出勇气走过自己的人生灰色地带，对未来充满希望，让自己勇敢地再来一次。只有这样，你才能大步向前，推开成功的大门。

将眼光停留在生活的美好处

要想赢得人生，就不能总把目光停留在那些消极的东西上，那只会使你沮丧、自卑，徒增烦恼，还会影响你的身心健康。结果，你的人生就可能被失败的阴影遮蔽，失去它本该有的光辉。悲观失望的人在挫折面前，会陷入不能自拔的困境。乐观向上的人即使在绝境之中，也能看到一线生机，并为此释然。

尤利乌斯是一个画家，而且是一个很不错的画家。他画快乐的世界，因为他自己就是一个快乐的人。不过没人买他的画，因此他想起来会有点伤感，但只是一会儿。

他的朋友们劝他："玩玩足球彩票吧！只花两马克便可以赢很多钱！"

于是尤利乌斯花两马克买了一张彩票，并真的中了彩！他赚了50万马克。

他的朋友都对他说："你瞧！你多走运啊！现在你还经常画画吗？"

"我现在就只画支票上的数字！"尤利乌斯笑道。

尤利乌斯买了一幢别墅并对它进行了一番装饰。他很有品位，买了许多好东西：阿富汗地毯、维也纳柜橱、佛罗伦萨小桌、迈森瓷器，还有古老的威尼斯吊灯。

尤利乌斯很满足地坐下来，他点燃一支香烟静静地享受他的幸福。突然他感到好孤单，便想去看看朋友。他把烟往地上一扔，在原来那个石头做的画室里他经常这样做，然后他就出去了。

燃烧着的香烟躺在地上，躺在华丽的阿富汗地毯上……一个小时以后，别墅变成一片火的海洋，它完全烧没了。

朋友们很快就知道了这个消息，他们都来安慰尤利乌斯。

“尤利乌斯，真是不幸呀！”他们说。

“怎么不幸了？”他问。

“损失呀！尤利乌斯，你现在什么都没有了。”

“什么呀？不过是损失了两个马克。”

朋友们为了失去的别墅而惋惜，可是尤利乌斯却不在意，正如他所说的，不过是两个马克，怎么能够影响他正常的生活，让他陷入悲伤之中呢？由此可见，事情本身并不重要，重要的是面对事情的态度。只要有一双能够发现美好事物的眼睛，有一颗保持乐观的心，那么即使是再悲惨的事情，也不会让我们悲伤。

我们都有这样的感受：快乐开心的人在我们的记忆里会留存很长的时间，因为我们更愿意留下快乐的而不是悲伤的记忆。每当我们回想起那些勇敢且愉快的人们时，我们总能感受到一种柔和的亲切感。

19 世纪英国较有影响的诗人胡德曾说过：“即使到了我生命的最后一天，我也要像太阳一样，总是面对着事物光明的一面。”到处都有明媚宜人的阳光，勇敢的人一路纵情歌唱。即使在乌云的笼罩之下，他也会充满对美好未来的期待，跳动的心灵一刻都不曾沮丧悲观；不管他从事什么行业，他都会觉得工作很重要、很体面；即使他穿的衣服褴褛不堪，也无碍于他的尊严；他不仅自己感到快乐，也给别人带来快乐。

千万不要让自己心情消沉，一旦发现有这种倾向就要马上避免。我们应该养成乐观的个性，面对所有的打击我们都要坚韧地承受，面对生活的阴影我们也要勇敢地克服。要知道，任何事物总有光明的一面，我们应该努力去发现。垂头丧气和心情沮丧是非常危险的，这种情绪会减少我们生活的乐趣，甚至会毁灭我们的生活。

先为自己设想一个好的结果

很多时候，我们做事情的动力来自于心理的暗示。如果心里想着，这是一件好事，一定会有一个好结果，那么我们在做事情的时候就会很开心，也会很有激情。可是如果在开始的时候就告诉自己，这是一件很糟糕的事情，即使是做了，也不会有什么好的结果出现，那么我们的信心将会受到打击，也会因为失望和难过而丧失了做事的动力。所以我们做任何事之前，都要先预想一个好的结果，有了好结果的鼓舞，你就会信心百倍，有这种积极心态的人，成功的可能性也很大。前世界拳击冠军乔·弗列勒每战必胜的秘诀是：参加比赛的前一天，总要在天花板上贴上自己的座右铭——我能胜！

然而，生活中有很多人，在还没有做事前，就想到事情会失败，这种心态消极、负面思考的人，结果真的就难以成功。

一个人是否成功，关键是在于他的心态是否积极。成功者在做事前，就相信自己能够取得成功，这是人的意识和潜意识在起作用。

一天晚上，在一条偏僻的公路上，一个年轻人的汽车轮胎爆了。

年轻人翻遍工具箱，也没有找到千斤顶，而没有千斤顶，是换不成轮胎的。怎么办？这条路几个小时都不会有一辆车经过，他远远望见一座亮灯的房子，决定去那个人家借千斤顶。在路上，年轻人不停地想：

要是没有人来开门怎么办？

要是没有千斤顶怎么办？

要是那家伙有千斤顶，却不肯借给我，那该怎么办？

……

顺着这种思路想下去，他越想越生气，当走到那间房子前敲开门，主人刚出来，他冲着人家劈头就是一句：“他妈的，你那千斤顶有什么稀罕的！”

主人丈二和尚摸不着头脑，认为年轻人是一个精神病人，“砰”的一声就把门关上了。

做事前就认为自己会失败，自然难以成功了。

世界著名的走钢索的选手卡尔·华伦达曾说：“在钢索上才是我真正的人生，其他都只是等待。”他总是以这种非常有信心的态度来走钢索，每一次都非常成功。

但是1978年，他在波多黎各表演时，从25米高的钢索上掉下来摔死了，令人不可思议。后来他的太太说出了原因。在表演前的3个月，华伦达开始怀疑自己“这次可能掉下来”。他时常问太太：“万一掉下去怎么办？”他花了很多精力以避免掉下来，结果真的掉了下来。

做任何事，不要在心里制造失败，我们都要想到成功，要想办法把“一定会失败”的意念排除掉。

一个人期望成功，就可能成功，想的尽是失败，就会失败。成功产生在那些有了成功意识的人身上，失败根源于那些不自觉地让自己走向失败的人身上。

第二章

不抱怨的智慧

第一节

别抱怨，每一个人的人生都有坎坷

人生没有过不去的坎

“没有永久的幸福，也没有永久的不幸”，尽管在生活中，我们每个人都会遇到各种各样的挫折和不幸，而且有的人不仅仅要承受一种磨难，甚至受打击的时间可以长达几年、十几年，但是让人极度讨厌的厄运也有它的“致命弱点”，那就是它不会持久存在。

人们在遭受了生活的打击之后，总是习惯抱怨自己的命运不好，身边没有能够帮忙的朋友，家世也不好，没有可依靠的父母等等。其实抱怨并不能解决问题，当问题发生的时候，我们一定要相信——厄运不久就会远走，好运迟早会到来。

匹兹堡有一个女人，她已经35岁了，过着平静、舒适的中产阶层的家庭生活。但是，她突然连遭四重厄运的打击。丈夫在一次事故中丧生，留下两个小孩。没过多久，一个女儿被烤面包的油脂烫伤了脸，医生告诉她孩子脸上的伤疤终生难消，母亲为此伤透了心。她在一家小商店找了份工作，可没过多久，这家商店就关门倒闭了。丈夫给她留下一份小额保险，但是她耽误了最后一次保费的续交期，因此保险公司拒绝支付保费。

碰到一连串不幸事件后，女人近于绝望。她左思右想，为了自救，她决定再做一次努力，尽力拿到保险补偿。在此之前，她一直与保险公司的普通员工打交道。当她想面见经理时，一位接待员告诉她经理出去了。她站在办公室门口无所适从，就在这时，接待员离开了办公桌。机遇来了。她毫不犹豫地走进了经理的办公室，结果，看见经理独自一人在那里。经理很有礼貌地问候了她。她受到了鼓励，沉着镇静地讲述了索赔时碰到的难题。经理派人取来她的档案，经过再三思索，决定应当以德为先，给予赔偿，虽然从法律上讲公司没有承担赔偿的义务。工作人员按照经理的决定为她办了赔偿手续。

但是，由此引发的好运并没有到此中止。经理尚未结婚，对这位年轻寡妇一见倾心。他给她打了电话，几星期后，他为寡妇推荐了一位医生，医生为她的女儿治好了病，脸上的伤疤被清除干净；经理通过在一家大百货公司工作的朋友给寡妇安排了一份工作，这份工作比以前那份工作好多了。不久，经理向她求婚。几个月后，他们结为夫妻，而且婚姻生活相当美满。

这个故事很好地阐释了厄运与好运的意义，厄运不会一直存在于我们的生活里，即使是现在深陷困境，也会在不久之后就等到了厄运的夭折期。

易卜生说："不因幸运而故步自封，不因厄运而一蹶不振。真正的强者，善于从顺境中找到阴影，从逆境中找到光亮，时时校准自己前进的目标。"

任何时候，都不要因厄运而气馁，厄运不会时时伴随你，阴云之后的阳光很快就会来临。

日子难过，更要认真地过

经济不景气，大学生刚毕业就待业，裁员、下岗、减薪……这些词汇每天都充斥在工薪阶层的耳旁，扰得人们寝食难安；消费水平提高、物价上涨、孩子上学问题、户口问题、买不起房子买不起车、租个房子还要整天面对苛刻的房东……面对如此尴尬的处境，人们不禁感叹："这日子真的是没法过了。"

艰难的日子虽然让人焦头烂额，可是我们却没有办法选择别样的生活。既然改变不了，那么不如就冷静地接受，认真地过好每一天，这样也许我们就会有很多意外的收获，生活也不会再让我们觉得痛苦了。

众所周知，王宝强是个在少林寺里拳来脚往生活了六年的孩子，因为克制不住内心梦想之火的燃烧，就决定出少林"闯荡江湖"了。他从少林寺伙房师傅的口中得知很多师兄弟都去了北京做武打替身，可以拍电影，还可以和很多大明星接触……被外面五彩缤纷的生活所吸引，也被心中的梦想所牵引，于是王宝强来到北京，开始了所谓的"北漂生活"。

实际上，我们可以想象得到，像王宝强这样没有什么学历和文凭的人，在"北漂"中注定是不能气定神闲的。他曾经自己回忆："那个时候住排房，屋子很小，夏天非常拥挤，五六个师兄弟挤在一起。不过房租很便宜，一个月一百块，每个人每月也就二十块钱的租金。"可是，就算你空有一身好武功，也要有戏演才能维持生活。而实际上，只凭当替身的那点拳脚费，几乎无法维持生活。于是，那个时候的王宝强，几乎是"替身和民工"并存。

生活的艰难并没有动摇王宝强的信念，不管生活多难，他都咬紧牙关坚持着。在一次访谈中，王宝强的哥哥说："他到了北京忽然和家里失去了联系，信也没有，电话也没有。差不多将近两年的时间。我妈妈想他都快得病了。他忽然有一天打电话回来，说自己得了大奖，开始我们都还不信呢……"

王宝强的确曾经和家里失去联系，他说："那个时候没有钱，就是没钱打电话……而且也不想打，没混出来个人样，觉得没法跟家里交代，没脸和家里人说。”就在那样孤独、艰难的岁月里，王宝强一面做“武替”，一面做民工，才勉强维持了自己的生活。有时候“武替”一天有几十块钱，有时候就只有一顿盒饭，可是即便这样，王宝强也觉得挺好的，来了北京，能吃饱，还能长见识。

很多师兄都劝他：“宝强，咱回去吧。你说咱们武功也一般，长得也不好，还没什么文化，哪有导演愿意要咱们这样的呀。不是每个人都有李连杰那样的好运气的。”可是，倔强的王宝强就是不肯认输，就是抱定了“再难也要坚持下去”的观点，坚决要留在北京打拼。记得蒲松龄曾经写过这样的落第自勉联：“有志者，事竟成，破釜沉舟，百二秦关终属楚；苦心人，天不负，卧薪尝胆，三千越甲可吞吴。”不知道是不是因为他“愚公移山”的精神感动了上帝，好运终于飘然降临了。

李扬导演相中了他，电影《盲井》中的优秀表演让他脱颖而出，并荣获了当年金马奖最佳新人奖。随后，冯小刚导演找到了他，他和中国最优秀的几个一线大明星、众多影帝影后加盟《天下无贼》。那个憨厚的“傻根”让人们一下子记住了他的名字。王宝强的星途从此一帆风顺。

很多人认为王宝强之所以能越来越好，是因为他太幸运了。可是王宝强却说：“我并不是幸运的一个，能够有今天的成绩，是因为我一直没有放弃，尽管日子很难过，但是我一直在认真过好每一天。”

尽管在生活中，我们每个人都会遇到各种各样的磨难和考验，可是只有能够认真过日子的人，才能在最后的关头突破自己，创造生活的奇迹。其实，生活给予我们每个人的机会都是相同的，越是艰难的岁月，就越能给我们提供进步的空间。所以，不要总是抱怨日子不好过，只要我们坚持，认真过好每一天，我们就能抓住希望。

冬天总会过去，春天迟早会来临

四时有更替，季节有轮回，严冬过后必是暖春，这符合大自然的发展规律。在我们人类眼中，事物的发展似乎也遵循着这一条规律，否极泰来、苦尽甘来、时来运转等成语无不反映了人们的一种美好愿望：逆境达到极点就会向顺境转化，坏运到了尽头好运就会到来。所以，我们坚信，没有一个冬天不可逾越，没有一个春天不会来临。这是对生活的信心，也是对生活的希望，有了信心与希望，无论事情多糟糕，我们也会有面对现实的勇气和决心。

约翰是一个汽车推销商的儿子，是一个典型的美国孩子。他活泼、健康，热衷于篮球、网球、垒球等运动，是中学里一个众所周知的优秀学生。后来约翰应征入伍，在一次军事行动中，他所在部队被派遣驻守一个山头。激战中，突然一颗炸弹飞入他们的阵地，眼看即将爆炸，他果断地扑向炸弹，试图将它丢开。可是炸弹却爆炸了，他重重地倒在地上，当他向后看时，发现自己的右腿右手全部炸掉，左腿变得血肉模糊，也必须截掉了。一瞬间他想哭，却哭不出来，因为弹片穿过了他的喉咙。人们都以为约翰再也不能生还，但他却奇迹般地活了下来。

是什么力量使他活了下来？是格言的力量。在生命垂危的时候，他反复诵读贤人先哲的这句格言："如果你懂得苦难磨炼出坚韧，坚韧孕育出骨气，骨气萌发不懈的希望，那么苦难最终会给你带来幸福。"约翰一次又一次默念着这段话，心中始终保持着不灭的希望。然而，对于一个三截肢（双腿、右臂）的年轻人来说，这个打击实在太大了！在深深的绝望中，他又看到了一句先哲格言："当你被命运击倒在最底层之后，再能高高跃起就是成功。"

回国后，他从事了政治活动。他先在州议会中工作了两届。然后，他竞选副州长失败。这是一次沉重的打击。但他用这样一句格言鼓励自己："经验不等于经历，经验是一个人经过经历所获得的感受。"这指导他更自觉地去尝试。紧接着，他学会驾驶一辆特制的汽车并跑遍全国，发动了一场支持退伍军人的事业。那一年，总统命他担任全国复员军人委员会负责人，那时他34岁，是在这个机构中担任此职务最年轻的一个人。约翰卸任后，回到自己的家乡。1982年，他被选为州议会部长，1986年再次当选。

后来，约翰已成为亚特兰城一个传奇式人物。人们可以经常在篮球场上看到他摇着轮椅打篮球。他经常邀请年轻人与他进行投篮比赛。他曾经用左手一连投进了18个空心篮。一句格言说："你必须知道，人们是以你自己看待自己的方式来看你的。你对自己自怜，人家则会报以怜悯；你充满自信，人们会待以敬畏；你自暴自弃，多数人就会嗤之以鼻。"一个只剩一条手臂的人能成为一名议会部长，能被总统赏识担任一个全国机构的要职，是这些格言给了他力量。同时，他的成功也成了这些格言的有力佐证。

天无绝人之路，生活有难题，同时也会给我们解决问题的能力与方法。约翰之所以能够生存下来并创造事业的辉煌，是因为他坚信人生没有过不去的坎儿，坚信冬天之后春天会来临。他在困难面前没有低头，昂首挺进，直至迎来了生命的春天。

生活并非总是艳阳高照，狂风暴雨随时都有可能来临。但是每一个人都需要将自己重新打理一下，以一种勇敢的人生姿态去迎接命运的挑战。请记住，冬天总会过去，春天总会来到，太阳也总要出来的。度过寒冬，我们一定会生活得更好。

不要把自己禁锢在眼前的苦痛中

世事无常，我们随时都会遇到困厄和挫折。遇见生命中突如其来的困难时，你都是怎么看待的呢？不要把自己禁锢在眼前的困苦中，眼光放远一点，当你看得见成功的未来远景时，便能走出困境，达到你梦想的目标。

当我们处于厄运的时候，当我们面对失败的时候，当我们面对重大灾难的时候，只要我们仍能在自己的生命之杯中盛满希望之水，那么，无论遭遇何种坎坷，我们都能保持快乐的心情，我们的生命才不会枯萎。

在断崖上，不知何时长出了一株小小的百合。它刚发芽的时候，长得和野草一模一样，但是，它心里知道自己并不是一株野草。它的内心深处，有一个纯洁的念头："我是一株百合，不是一株野草。唯一能证明我是百合的方法，就是开出美丽的花朵。"它努力地吸收水分和阳光，深深地扎根，直直地挺着胸膛，对附近的杂草置之不理。

在野草和蜂蝶的鄙夷下，百合努力地释放内心的能量。百合说："我要开花，是因为知道自己有美丽的花；我要开花，是为了完成作为一株花的庄严使命；我要开花，是由于自己喜欢以花来证明自己的存在。不管你们怎样看我，我都要开花！"

终于，它开花了。它那灵性的洁白和秀挺的风姿，成为断崖上最美丽的风景。年年春天，百合努力地开花、结籽，最后，这里被称为"百合谷地"。因为这里到处是洁白的百合。

我们生活在一个竞争十分激烈的社会，有时在某方面一时落后，有时困难重重，有时失败连连，甚至有时被人嘲笑……无论什么时候，我们都不能放弃努力；无论什么时候，我们都应该像那株百合一样，为自己播下希望的种子。

内心充满希望，它可以为你增添一份勇气和力量，它可以支撑起你一身的傲骨。当莱特兄弟研究飞机的时候，许多人都讥笑他们是异想天开，当时甚至有句俗语说："上帝如果有意让人飞，早就使他们长出翅膀。"但是莱特兄弟毫不理会外界的说法，终于发明了飞机。当伽利略以望远镜观察天体，发现地球绕太阳而行的时候，教皇曾将他下狱，命令他改变主张，但是伽利略依然继续研究，并著书阐明自己的学说，他的研究成果后来终于获得了证实。最伟大的成就，常属于那些在大家都认为不可能的情况下却能坚持到底的人。坚持就是胜利，这是成功的一条秘诀。

暂时的落后一点都不可怕，自卑的心理才是可怕的。人生的不如意、挫折、失败对人是一种考验，是一种学习，是一种财富。我们要牢记"勤能补拙"，既能正确认识自己的不足，又能放下包袱，以最大的决心和最顽强的毅力克服这些不足，弥补这些缺陷。人的缺陷不是不能改变，而是看你愿不愿意改变。只要下定决心，讲究方法，就可以弥补自己的不足。

在不断前进的人生中，凡是看得见未来的人，也一定能掌握现在，因为明天的方向他已经规划好了，知道自己的人生将走向何方。留住心中的"希望种子"，相信自己会有一个无可限量的未来，心存希望，任何艰难都不会成为我们的阻碍。只要怀抱希望，生命自然会充满激情与活力。

别为了关上的门而痛苦，老天还为你留了一扇窗

生活中，我们往往看到的只是事物的一个侧面，这个侧面让人

痛苦，但痛苦却可以转化。蚌因身体嵌入沙粒，伤口的刺激使它不断分泌物质来疗伤，如此，就出现一颗晶莹的珍珠。哪颗珍珠不是由痛苦孕育而成？可见，任何不幸、失败与损失，都有可能成为我们有利的因素。

1900年前，在意大利的庞贝古城里，有一个叫莉蒂雅的卖花女孩。她自小双目失明，但并不自怨自艾，也没有垂头丧气把自己关在家里，而是像常人一样靠劳动自食其力。

不久，一场毁灭性的灾难降临到了庞贝城。没有任何预兆的维苏威火山突然爆发，数亿吨的火山灰和灼热的岩浆顷刻间把庞贝城给吞没了。

整座城市被笼罩在浓烟和尘埃中，漆黑如无星的午夜。惊慌失措的居民跌来碰去寻找出路，却无法找到。许多人来不及逃脱，被活活埋葬；有些人设法躲入地窖，但因熔岩和火山灰层的覆盖而窒息，也没有幸免，城中两万多居民大部分逃到了别处，但仍有两千多人遇难。由于盲女莉蒂雅这些年走街串巷地卖花，她的不幸这时反而成了她的大幸。她靠着自己的触觉和听觉找到了生路，而且还救了许多人。残疾，成为她的财富。

生活中谁都难免遭遇挫折，只要你树立信心，继续努力，生活中，肯定会有“柳暗花明又一村”的新景象。

西娅在维伦公司担任高级主管，待遇优厚。很长一段时间，她都为到底去什么地方度假而烦恼。但是情况很快就变得糟糕起来。为了应对激烈的竞争，公司开始裁员，而西娅则是被裁掉的一员。那一年，她43岁。

“我在学校一直表现不错！”她对好友墨菲说，“但没有哪一项特别突出。后来，我开始从事市场销售。在30岁的时候，我加入了那家大公司，担任高级主管。”

“我以为一切都会很好，但在我43岁的时候，我失业了。那感觉就像有人给了我的鼻子一拳。”她接着说，“简直糟糕透了。”

西娅似乎又回到了那段灰暗的日子，语气也沉重了许多。但是，不久她凭借自己的优势找到了工作，两年后，她已经拥有了自己的咨询公司。

“被裁员是一件糟糕的事情，但那绝对不是地狱。也许，对你自己来说，可能还是一个改变命运的机会，比如现在的我。重要的是如何看待，我记得那句名言，世界上没有失败，只有暂时的不成功。”西娅真诚地对墨菲说。

在人的一生中，每个人都不能保证事业上能够一帆风顺。很多人刚刚步入社会，自身的经验、才能都尚在成长之中，加上社会上竞争激烈，各个用人单位对人才的要求不尽相同，这期间面试遭淘汰，或者工作不适被辞退，这都是很正常的事情。你不必为此感到屈辱，耿耿于怀。

世界充满了就业的机遇，也充满了被淘汰的可能。被淘汰不一定是坏事，也许这正是上帝在以另一种方式告诉你：你未尽其才，你需要寻找更适合你发展的空间。

错误往往是成功的开始

曾经有人做过分析后指出，成功者成功的原因，其中一条很重要就是“随时矫正自己的错误”。一个渴望成功、渴望改变现状的人，绝对不会因一个错误而停止前进的脚步，他必定会找出成功的契机，继续前进。

一位老农场主把他的农场交给一位外号叫错错的雇工管理。

农场里有位堆草高手心里很不服气，因为他从来都没有把错错放在眼里。他想，全农场哪个能够像我那样，一举挑杆子，草垛便像中了魔似的不偏不倚地落到了预想的位置上？回想错错刚进农场那会儿，连杆子都拿不稳，掉得满地都是草，有的甚至还砸在自己的头上，非常可笑。等他学会了堆草垛，又去学割草，留下歪歪斜斜、高高低低一片狼藉；别人睡觉了，他半夜里去了马房，观察一匹病马，说是要学学怎样给马治病。为了这些古怪的念头，错错出尽了洋相，不然怎么叫他“错错”呢？

老农场主知道堆草高手的心思，邀请他到家里喝茶聊天。老农场主问：“你可爱的宝宝还好吗？平时都由他们的妈妈照顾吧？”高手点点头，看得出来他很喜欢他的孩子。老人又说：“如果孩子的妈妈有事离开，孩子又哭又闹怎么办呢？”“当然得由我来管他们啦。孩子刚出生那阵子真是手忙脚乱哩，不过现在好多了。”高手说。

老人叹了一口气，说：“当父母可不易哦。随着孩子的渐渐长大，你需要考虑的事情还有很多很多，不管你愿意不愿意，因为你是父亲。对我来说，这个农场也就是我的孩子，早年我也是什么都不懂，但我可以学，也经过了很多次的失败，就像‘错错’那样，经常遭到别人的嘲笑。”

话说到这个节骨眼上，堆草高手似乎领会了老人的用意，神情中露出愧色。

“优胜劣汰”成为一种必然。但现在人们开始认同另一种说法：成功，就是无数个“错误”的堆积。

错误是这个世界的一部分，与错误共生是人类不得不接受的命运。

错误并不总是坏事，从错误中汲取经验教训，再一步步走向成功的例子也比比皆是。因此，当出现错误时，我们应该像有创造力的思考者一样了解错误的潜在价值，然后把这个错误当作垫脚石，从而产生新的创意。事实上，人类的发明史、发现史到处充满了错误假设和错误观点。哥伦布以为他发现了一条到印度的捷径；开普勒偶然间得到行星间引力的概念，他这个正确假设正是从错误中得到的；再说爱迪生还知道几千种不能用来制作灯丝的材料呢。

错误还有一个好用途，它能告诉我们什么时候该转变方向。只有适时转变方向，才不会撞上失败这块绊脚石。

笑迎人生风雨

生活中难免有痛苦和失落，但是我们不能总是用悲观的心去对待生活，而应该在艰难中给自己一点希望，让自己坚强起来，再苦也要笑一笑。

钟爱东，百亩鱼塘的主人，被评为省“巾帼科技兴农带头人”。

从一名普通的下岗女工到身价千万的养殖大王，不惑之年的钟爱东仍然勤劳淳朴。事业几经起落，她说，横下一条心，没有过不去的坎儿。

1997 年 1 月 1 日，钟爱东不能忘却的日子，这一天，本以为捧上“铁饭碗”的她下岗了。在这家工厂工作了近 20 年，还成了厂里的“一把手”，钟爱东说，她把全部的心血、最好的青春年华，都给了工厂，甚至没有时间照顾年幼的孩子，“当时觉得，心里有什么东西被人硬掰了下来”，钟爱东说。那天，她哭了。

下岗后，她接到的第一个电话，是花都区妇联打来的，她说，就是这个电话，在最艰难的时候教会她“用笑容去迎接困难”。钟爱东在当厂长的时候就经常与周围的农民接触，知道养殖水产有赚头。看准这一点，她拿出了仅有的 2000 元“压箱底钱”，又东奔西走借了些款，一咬牙承包了200亩低洼田，资金不够，就赚一分投入一分，滚动式周转。几年下来，天天“泡”鱼塘、搞技术，200亩低洼田变成了水产养殖地。钟爱东说，那时照看鱼塘就是她全部的生活了。她每天早上都要花一个小时绕池塘走上几圈。

钟爱东没想到，生活中的第二次打击来得这么快。那一天，是钟爱东伤心的日子。一场大洪水淹没了她刚刚兴旺的鱼塘。站在堤坝上，看着不断上涨的洪水一点点吞没了鱼塘，钟爱东绝望地回了家。“哪里跌倒就从哪里爬起来。”钟爱东说，这是当时丈夫说的唯一的话，倔强的她这次没有流泪。她开始带着工人挖塘、养苗，引进新技术、新鱼种，被洪水淹没的鱼塘一点点“回来”了。

钟爱东成了远近闻名的“鱼王”，鱼塘越做越大，还办起了企业。多年的艰难经营，“养鱼为生”的钟爱东对技术情有独钟：一个没有创新、没有新产品的企业，就像脱水的鱼。

钟爱东有个温暖的四口之家，她说，在最困难的时候，家人的支持成了她的精神支柱。“当初好多次想到放弃，是他们帮我挺过了难关。”屡经磨难，钟爱东说最重要的是要学会如何看待失败，“下岗、失败都不用怕，路是自己走出来的，认定目标走下去，一定会成功。”

生命，有起有落，有悲有喜，起伏不定，但是太阳却依然明亮，月亮仍然美丽，星星依旧闪烁……一切的一切仍旧是那么和谐，而生命，依然会有着更美丽的色彩，亟待我们去开发。明天，总是美好的，只要我们有心，只要我们在艰难中咬紧牙关，我们就能够在痛苦中盼来新一轮的朝阳。

第二节
用感恩的心驱走抱怨的“恶魔”

感恩的心才能念动幸福的咒语

一位哲人说，世界上最大的悲剧和不幸就是一个人大言不惭地说：“没人给过我任何东西。”对生活常怀有一颗感恩之心的人，即使遇上再大的灾难，也能熬过去。

在日本“推销之神”原一平的奋斗史中，最受人们推崇的是“三恩主义”，即社恩、佛恩和客恩。

即使被尊称为“推销之神”，原一平也没有骄傲，反而以谦恭为怀，时时刻刻感谢公司的栽培，认为没有公司提供的平台，就没有今日的他，因此他十分尊敬公司，晚上睡觉脚不敢朝向公司的方向，这就是社恩。原一平一生的成功，除了自己的辛苦奋斗之外，串田董事长的知遇和栽培功不可没。不过，他内心里最感谢的是启蒙恩师吉田胜逞法师、伊藤道海法师，没有他们的一语道破及指点迷津，或许原一平还只是一名推销的小卒呢！这就是佛恩。对参加保险的客户以及周围合作的同事心怀感激，这就是客恩。据原一平自称：他的所得除10%留为己用外，其余皆回馈给公司及客户。由于对公司有着感谢的胸怀，所以处处为公司的利益着想，为客户提供无微不至的服务，从而也锻炼了自己的能力，得到上司和客户的回赠，登上了事业的高峰。

感恩，可以使我们浮躁的心态得以平静下来，也使我们能够从全新的角度来看待身边的事物。

中国电力国际发展公司首席执行官李小琳在中国电力市场被称为“一姐”，统领市值近百亿的中国电力，也是香港H股、红筹股上市公司中唯一女性CEO。

感恩，是李小琳平时用得最多的字眼。对此她有着自己的说法：“常怀感恩之情，我们就会时刻有报恩之心，报祖国之恩、组织之恩、父母之恩、老师之恩、同志之恩、朋友之恩……”常怀感恩之心，就会将给予视为最大的快乐；就会内生一种定力，在纷繁复杂的社会生活中保持那种难得的“律己”。

她早已养成静坐禅修的习惯，在没有打扰的情况下，可以静坐上一个小时，甚至更长时间。“吾当一日而三省吾身”，静思时，一天的所思所想、所作所为，无不撞击心头，让她警醒觉悟。

李小琳说：“我能有今天的成果，要感谢很多人的恩惠。”一个懂得感恩的女人，无须言他，本身就是一种成功和美丽的理由。

感恩是一种处世哲学，是生活中的大智慧。人生在世，不可能一帆风顺，种种失败、无奈都需要我们勇敢地面对、旷达地处理。当挫折、失败来临时，是一味地埋怨生活，从此变得消沉、萎靡不振，还是对生活满怀感恩，跌倒了再爬起来？

英国作家萨克雷说：“生活就是一面镜子，你笑，它也笑；你哭，它也哭。”感恩不纯粹是一种心理安慰，也不是对现实的逃避，更不是阿Q的“精神胜利法”。感恩，是一种歌唱生活的方式，它来自对生活的爱与希望。

感恩之情是滋润生命的营养素，它使我们的生活充满芳香和阳光。一个不懂得感恩的人，即使家财万贯，他仍是个贫穷的人；懂得感恩，才是天下最富有的人。

得到别人的好处要想到回报

在第一次世界大战中，有一种德国特种兵的任务是深入敌后去抓俘虏回来审讯。

当时打的是堑壕战，大队人马要想穿过两军对垒前沿的无人区，是十分困难的。但是一个或几个士兵悄悄爬过去，溜进敌人的战壕，相对来说就比较容易了。参战双方都有这方面的特种兵，经常被派去抓回敌军的士兵审讯。

有一个德军特种兵以前曾多次成功地完成这样的任务，这次他又出发了。他很熟练地穿过两军之间的地域，出乎意料地出现在敌军的战壕中。

一个落单的士兵正在吃东西，毫无戒备，一下子就被缴了械。他手中还举着刚才正在吃的面包，这时，他本能地把一些面包递给对面突然出现的敌人。这也许是他一生中做得最正确的一件事了。

面前的德国兵忽然被这个举动打动了，并导致了他奇特的行为——他没有俘虏这个敌军士兵回去，而是自己回去了，虽然他知道回去后上司会大发雷霆。

这个德国兵为什么这么容易就被一块面包打动呢？人的心理其实是很微妙的。人一般有一种心理，就是得到别人的好处或好意后，就想要回报对方。虽然德国兵从对手那里得到的只是一块面包，或者他根本没有要那个面包，但是他感受到了对方对他的一种善意，即使这善意中包含着一种恳求。但这毕竟是一种善意，是很自然地表达出来的，在一瞬间打动了他。他在心里觉得，无论如何不能把一个对自己好的人当俘虏抓回去，甚至要了他的命。

其实这个德国兵不知不觉地受到了心理学上“互惠定律”的左

右。这种得到对方的恩惠，就一定要报答的心理，就是“互惠定律”，这是人类社会中根深蒂固的一个行为准则。

一位心理学教授做过一个小小的实验，证明了这个定律。他在一群素不相识的人中随机抽样，给挑选出来的人寄去了圣诞卡片。虽然他也估计会有一些回音，但却没有想到大部分收到卡片的人，都给他回了一张，而其实他们都不认识他啊！

给他回赠卡片的人，根本就没有想到过打听一下这个陌生的教授到底是谁。他们收到卡片，自动就回赠了一张。也许他们想，可能自己忘了这个教授是谁了，或者这个教授有什么原因才给自己寄卡片。不管怎样，自己不能欠人家的情，要给人家回寄一张，总是没有错的。

这个实验虽小，却证明了互惠定律的作用。当从别人那里得到好处，我们总觉得应该回报对方。如果一个人帮了我们一次忙，我们也会帮他一次，或者给他送礼品，或请他吃饭；如果别人记住了我们的生日，并送我们礼品，我们也会如此回馈。

中国人讲究礼尚往来也是互惠定律的表现。这似乎是人类行为不成文的规则。

在不是很熟悉的朋友之间，你求别人办事，如果没有及时回报，下一次又求人家，就显得不太自然。因为人家会怀疑你是否感激他对你的付出。及时地回报，可以表现出自己是知恩图报的人，有利于相互的继续交往。

让心中的抱怨工厂关门大吉

杯子里只有半杯水了，一个人看见会说：“唉，只有半杯水了。”而另一个则说：“啊，还有半杯水呢！”这就是对待事物的不同心态。前者是抱怨而悲观的，而后者是感恩而乐观的。我们应该要养成积极的心态，确信天黑透了，就能够看见星星，而不是去抱怨没有太阳，因为太阳绝不会听到你的抱怨。

在我们的生活和工作中，为什么有人觉得自己活得很累，不停地抱怨，又有的人觉得很轻松？为什么有的人觉得这个世界很丑恶，又有的人觉得这个世界很美好？可以说，这一切的一切都来源于心态的不同。

1972年，新加坡旅游局给总理李光耀打了一份报告，大意是说，我们新加坡不像埃及有金字塔，不像中国有长城，不像日本有富士山，不像夏威夷有十几米高的海浪。我们除了一年四季直射的阳光，什么名胜古迹都没有，要发展旅游事业，实在是巧妇难为无米之炊。

李光耀看过报告，非常气愤。据说，他在报告上批示了这么一行字：你想让上帝给我们多少东西？阳光，阳光就够了！

后来，新加坡利用那一年四季直射的阳光种花植草，在很短的时间里，发展成为世界上著名的“花园城市”，连续多年，旅游收入列亚洲第三位。

与旅游局长心存抱怨形成鲜明对照的是，李光耀总理心存感谢。即使是一缕阳光，那也是上天的恩赐，新加坡正是抓住了阳光，做大了阳光产业，新加坡从而发展成为亚洲“四小龙”之一。一个国家如此，一个人也应如此，一定要心怀感恩：对自己的生活环境充满感激，对自己的家人充满感激，对自己的朋友充满感激。

有的人会对工作抱怨，诸如今天又遇到比较烦的事，比较难沟通的客户，但如果你换个角度想想，假如你把比较烦的事情都做好了，比较难沟通的客户给协调好了，那说明你的服务水平又提高了，你又有进步了。如果你用积极乐观的心态去做事，相信从此你会多一分快乐，少一分抱怨。

不知感恩是一种严重的职业癌症，会严重阻碍职业发展，甚至是把自己毁灭掉。得了这种癌症的患者的症状是：不是千方百计想办法战胜困难，而是先指责、埋怨一番。

在某企业的一次招聘中有两个年轻人脱颖而出，最后主考官单独约见了他们，问了他们同一个问题："你觉得以前你工作的那个公司怎么样？"

一个面试者抱怨说："糟透了，同事们整天不干正事，主管的水平实在太低！真难以想象我在那里是怎么度过了两年的！"

另外一个面试者却说："虽然我原来工作的是一家很小的公司，管理也不是很规范，不过在我工作的那段时间里，学到了不少的东西。正因如此，我现在才有勇气坐在这里。我很感激原来工作的公司。"

最后被录取的，毫无疑问，当然是后者！

不知感恩，缺乏感恩心态，失去免疫能力会导致一个人的情感变得麻木；对人对事缺乏热情与认真；工作、生活懈怠，渐渐蜕化成冷漠无情的动物。不懂感恩的人，他们的存在价值大打折扣。

我们或许有时会感叹自己的工作平淡无味，有时会觉得自己的生活琐碎繁重，有时会气馁于某种失败，但其实只要我们用一种感恩的眼光去看待生活，就会发现我们的人生早就给我们安排了快乐和幸福，只是我们一直都被悲观遮住了眼睛。

《圣经》上说："一生一世，都是恩惠。"我们应该把拥有的一切看成是"天上掉的馅饼"，没有一个快乐的人不深爱自己的生活，没有一个幸福的人不懂得感恩。一个不懂感恩的人，一个抱怨自己生活和工作现状的人，必定不善于利用手中的资源，也无法发掘现有的价值优势。

所以，只有关闭心中的抱怨"工厂"，搭建心中的感恩"花园"，你的生活将会实现神奇的改变。从现在开始，每天抽出一点时间，为自己目前所拥有的一切而感恩，为自己的生活而感谢吧。

感谢折磨，锤炼自己

人不能总停留在原地，而是要努力向前。感谢折磨你的人，你将以更迅捷的速度发展。

对于生活中的各种折磨，我们应时时心存感激。只有这样，我们才会常常有一种幸福的感觉，纷繁芜杂的世界才会变得鲜活、温馨和动人。一朵美丽的花，如果你不能以一种美好的心情去欣赏它，它在你的心中和眼里也永远娇艳妩媚不起来，而如你的心情一般灰暗和没有生机。

只有心存感激，我们才会把折磨放在背后，珍视他人的爱心，才会享受生活的美好，才会发现世界原本有太多的温情。心存感激，是一种人格的升华，是一种美好的人性。只有心存感激，我们才会热爱生活，珍惜生命，以平和的心态去努力地工作与学习，使自己成为一个有益于社会的人。心存感激，我们的生活就会洋溢着更多的欢笑和阳光，世界在我们眼里就会更加美丽动人。

面对人生中各种各样的坎坷，你要保持感谢的态度，因为唯有折磨才能使你不断地成长。法国启蒙思想家伏尔泰说："人生布满了荆棘，我们唯一的办法是从那些荆棘上面迅速踏过。"人生是不平坦的，但同时也说明生命正需要磨炼，"燧石受到的敲打越厉害，发出的光就越灿烂"。正是这种敲打才使它发出光来，因此，燧石需要感谢那些敲打。人也一样，感谢折磨你的人，你就是在锤炼自己。

美国独立企业联盟主席杰克·弗雷斯从 13 岁起就开始在他父母的加油站工作。弗雷斯想学修车，但他父亲让他在前台接待顾客。当有汽车开进来时，弗雷斯必须在车子停稳前就站到司机门前，然后去检查油量、蓄电池、传动带、胶皮管和水箱。

弗雷斯注意到，如果他干得好的话，顾客大多还会再来。于是弗雷斯总是多干一些，帮助顾客擦去车身、挡风玻璃和车灯上的污渍。有一段时间，每周都有一位老太太开着她的车来清洗和打蜡。这个车的车内踏板凹陷得很深很难打扫，而且这位老太太极难打交道。每次当弗雷斯给她把车清洗好后，她都要再仔细检查一遍，让弗雷斯重新打扫，直到清除掉每一缕棉绒和灰尘，她才满意。

终于有一次，弗雷斯忍无可忍，不愿意再侍候她了。他的父亲告诫他说：“孩子，记住，这就是你的工作！不管顾客说什么或做什么，你都要记住做好你的工作，并以应有的礼貌去对待顾客。”

父亲的话让弗雷斯深受震动，许多年以后他仍不能忘记。弗雷斯说：“正是在加油站的工作使我学到了严格的职业道德和应该如何对待顾客,这些东西在我以后的职业生涯中起到了非常重要的作用。”

其实，弗雷斯的成功与他懂得感谢那些折磨自己的人有着莫大的关系。“吃一堑，长一智”，你为什么不对他心存感激呢？学会感谢折磨你的人，这样，你注定会与成功结缘。

向批评鞠个躬

当人类世界被现代技术网罗成一个村庄的时候，无论你身在何处，也不管你是为了学习还是工作，我们都无法和网络撇清关系。即便是身为天王级巨星的刘德华也不得不经常上网。他如此沉迷网络，甚至到了每天不上网不自在的地步。但是他上网和我们经常看到的上网“聊天”“打游戏”有所不同。用他自己的话说：“他们将全球有关我的信息集合起来给我看，让我知道世界各地的人对我的看法，他们觉得我是一个怎样的人，这是我很想知道的事。加上地球上有时差关系，所以我每天不止上一次网去看看这些有关我的信息。”

原来，刘德华上网是为了接受更多的批评，让自己更加了解自己。有勇气接受别人的批评，才能够不断取得进步。同时，敢于接受别人批评的人，也显示了自己莫大的勇气和自信。相反，一个听到别人的批评就暴跳如雷、反唇相讥的人，不但缺乏涵养、心胸狭窄，而且这种冲动的做法还会造成难以预测的后果，使每个想帮助他的人都敬而远之。坦然接受他人的批评，无论是正面的还是负面的，你才能成为一个心胸宽广、受别人欢迎的人。

刘德华刚出道时，香港有家知名电台的老板听了他的歌后，当即表示："这个人不懂唱歌，也没有歌唱的天分。"从此不再听他唱歌，并在很多场合坦言刘德华是歌坛"四大天王"里最差的一个。但是刘德华并没有因为别人的打击和嘲笑而气馁，从此，他每逢演唱会必定要给这个人送票，邀请他去听歌。十几年后，那个老板终于肯去听他的演唱会，并且为华仔的歌声所打动，不禁夸赞道："原来是我错了，华仔真的很会唱歌。"

刘德华在别人的批评和讽刺之下不气馁，用自信做支撑，用实力去说话，逐渐走出了一条属于自己的星光大道。

世界是五光十色的，世界上的人们也用各不相同的视角来看待生活。不同的人站在不同的方位看待同一个事物，也会产生不同的观点。正如"一千个读者眼中就有一千个哈姆雷特"一样，人们对刘德华的看法也褒贬不一。对此，他开怀地说："世上当然会出现有人喜欢或不喜欢我的情况，好评语自然会吸引我多看，但对我不好的评语我也会清楚地看一次，这样可以完全了解网友是如何看待我的，让我可以加深了解自己，并且为我提供改进的空间。"每个人都需要面对世界，不管你肯不肯；每个人都要面对别人的评论，不管你愿意不愿意。我们在面对别人的评论时，最好的解决方式就是像刘德华那样，让执拗的想法带动心怀转一个弯，这样我们看到的就不会是别人的苛刻和刁钻，而是自己应该进一步提升的空间。

可是在现实生活中，我们总是希望按照自己的想法去勾勒我们的世界，希望一切都按照自己的计划进行，也希望别人都在为了自己的世界去服务，所以我们总是不愿意听到不同的声音，不希望有人给予我们批评和指责。

按照自己的理想搭建的世界，毕竟只是我们一厢情愿的，虽然我们一直希望自己是最完美的，可是谁都没有办法抹杀自己身上的不足。有时候，因为过于理想化，我们常常会只看到自己身上的优点，而忽略了所有的缺点。所以，经常听一听别人的声音，虚心接受别人的批评和指正，也未尝不是一个让自己更加完美的方法。

所以，对于敢于批评和指正我们的人，不要总是把他们当成我们的敌人来对待。当我们从他们的话语里了解了一个我们看不到的自己的时候，我们就应该给予他们最真诚的感谢。

感谢别人给你的一片阳光

很多人才貌双全，拥有让人羡慕的家境和学历，但他们却不快乐。无论物质上是多么丰厚，他们都不会感到满足和幸福。而不幸福的人，往往容易被时间摧残，淡忘生活的意义。

其实，幸福是一种感觉，虽然有外在的因素，但更多地取决于自己的内心。

拥有感恩的心才是快乐的秘诀。对生活拥有一颗感恩的心的人，即使物质生活再贫穷，也可以拥有很多的快乐。感恩的心不是天生就有的，它是后天培养的。

一个常怀感恩之心生活的人，一定是个幸福的人。感恩是爱的根源，也是快乐的必要条件。如果我们对生命中所拥有的一切能心存感激，便能体会到人生的快乐、人间的温暖以及人生的价值。拥有一颗感恩的心，才能更懂得珍惜生命、热爱生活，那么，即使遇上再大的困难，也能够绕过去。

一家外资公司的公关部需要招聘一位职员，前来应聘的人经过甄选，最后只剩下了五个。公司告诉这五个人，聘用谁得由经理层会议讨论才能决定，结果会在三天内发到他们的邮箱里。

三天后，其中一位的电子邮箱里收到一封信。信是公司人事部发来的，内容是："经过公司研究决定，很抱歉，你落选了。我们虽然很欣赏你的学识、气质，但名额有限，这实是割爱之举。公司以后若有招聘名额，必会优先通知你。你所提交的材料在被复印后，不日将邮寄返还于你。另外，为感谢你对本公司的信任，还随信寄去本公司产品的优惠券一份。祝你好运！"

看完电子邮件，她知道自己落选了，有点难过，但又为该公司的诚意所感动，便顺手花了一分钟时间回复了一封简短的感谢信。

但在两天后，她却接到了那家外资公司的电话，说经过经理层会议讨论，她已被正式录用为该公司职员。

她很不解，后来才明白邮件其实是公司最后的一道考题。她能胜出，只不过因为多花了一分钟时间去感谢。

在日常生活中，常有父母抱怨孩子不听话，孩子抱怨父母不理解她们，男朋友抱怨女朋友不够温柔，女孩抱怨男孩不够体贴；在工作中，也常有领导埋怨下级工作不得力，下级埋怨上级不够理解，不能发挥自己的才能……总之，对生活永远是抱怨，而不是感激。她们只是在意自己没有得到什么好处，却不曾想别人付出了多少。如果一个二十几岁的女人不能够经受世界的考验，感受这个世界的美好，心胸只能容得下私利，那她就得不到幸福。

生命的整体是相互依存的，世界上每一样东西都依赖其他的东西。父母的养育，师长的教诲，配偶的关爱，他人的服务，大自然的慷慨赐予……你从出生那天起，便沉浸在恩惠的海洋里。只有你真正明白了这个道理，你才会感谢大自然的福佑，感谢父母的养育，感谢社会的安定，感谢食之香甜，感谢衣之温暖，感谢花草鱼虫，感谢苦难逆境。就连自己的敌人，也不忘感谢，因为真正促使自己成功，使自己变得机智勇敢、豁达大度的，不是顺境，而是那些常常可以置自己于死地的打击、挫折和对立面。

“打击”你的人可能更爱你

人跟人是不同的，有的人比较直接，所以跟别人表达自己的感情也比较直接：喜欢你就会告诉你，对你好也会让你感觉出来。有些人比较内敛：即使是关心你的，也不会表现出来，反而会给你一个很严肃的表情，让你觉得好像欠了他的钱一样。这种人最容易遭到别人的误解。你会以为跟他的关系是很难相处的。事实上他对你早就有了一份关心和爱护。相对于你的误解，他往往更注意自己应该怎样做才对你有利，怎样做才能让你成长得更快。

日本大企业家福富先生就曾遇到过这样的人。在他做服务生的时候，他的老板毛利先生常常会很严厉地责骂他。

尽管挨骂的时候，自己的心里是很难过的，可是福富发现自己每次挨了责骂后都会得到一些启示，学会一些事情，所以福富当时总是“主动地”寻找挨骂。只要遇见了毛利先生，福富绝不会像其他怕麻烦的服务生一样逃之夭夭，他会掌握机会，立刻趋身向前，向毛利先生打招呼，并请教说：“早安！请问我有什么地方需要改进？”

这时，毛利先生便会对他指出许多需要注意的地方。福富在聆听训话之后，必定马上遵照他的指示改正缺点。

福富之所以殷勤主动到毛利先生面前请教，是因为他深知年轻资浅的服务生很难有机会和老板交谈，只有如此把握机会，别无他法。而且向老板请教，通常正是老板在视察自己工作的时候，这就是向老板推销自己的最佳时机。所以，毛利先生对福富的印象就深刻，对福富有所指示时，也总是亲切直呼他的名字，告诉福富什么地方需要注意。

他就这样每天主动又虚心地向他请教，持续了两年。有一天，毛利先生对福富说："我长期观察，发现你工作相当勤勉，值得鼓励，所以明天开始请你担任经理。"就这样，19 岁的服务生一下子便晋升为经理，在待遇方面也提高很多。被人指责训斥，就是在接受另一种形式的教育。对于毛利先生一年 365 天的不断教导，福富至今仍感谢不已。

在被指责或训斥时，心里总是会受到一定的打击，会觉得很沮丧甚至很失望。尤其是对方说话或者做事的态度很难让你接受的时候，就会觉得对方很讨厌，甚至会对他产生怨恨。但是，你有没有静下心来想一想：在你承受对方给你的压力之后，你是否成长了？或者说，对方是出于什么心态来"打击"你的？他是跟你有仇，还是只为了自己的一时发泄？

对方给予你"打击"，正是希望你能从中知道自己的错误，并且能够从中学习到一些东西。尽管处理事情的方式可能与你不同，可是，给予你"打击"的人，往往是比任何人都关心你、爱护你的。就如同自己的家长，可能每天都在骂你，但是他们的真实心愿是希望你能尽快成才；你的上司，可能每天都在责罚你，可是他往往是想让你尽快成长……

人与人之间，表达感情的方式是不一样的，所以，在遭受委屈而对"打击"你的人产生抱怨的时候，一定要用心地想一想：他为什么这么对我？这样，你很快就会明白，"打击"你的人，原来都是为了你好。

第三节

学会忍耐，让宽容代替抱怨

宽容比怨恨更具威慑力

古今中外，许多大人物身上都有大度、宽容的美德，这也是他们能够被人们尊重的原因之一。

一天，在开往费城的火车上，一个妇人中途上了车，她走进一节车厢，坐在了座位上。对面是一位略显肥胖的男子，正在吸烟。这位妇女禁不住咳了几声，可是，那个男子丝毫没注意到她的暗示。最后，妇人忍不住开口说："你多半是外国人吧！大概不知道这趟车有一节吸烟车厢，这里是不让吸烟的。"那个男子一声不吭，掐灭了香烟，扔出了窗外。

这时，列车员走过来对妇人说，这里是格兰特将军的私人车厢，请她离开。她听了大吃一惊，心里很害怕，站起身往门口走。而格兰特将军仍像刚才一样，没有给她任何难堪，甚至没有取笑、嘲弄她的神情。

宽容也并非大人物的专利，普通人也同样有之。

有这样一个故事：格林夫妇带着两个儿子在意大利旅游，不幸遭劫匪袭击。7 岁的长子尼古拉死于劫匪的枪下。在医生证实尼古拉的大脑确实已经死亡的 10 个小时内，孩子的父亲做出了决定，同意将儿子的器官捐出。4 小时后，尼古拉的心脏移植给了一个患先天性心肌畸形的 14 岁孩子；一对肾分别使两个患先天性肾功能不全的孩子有了活下去的希望；一个 19 岁的濒危少女，获得了尼古拉的肝；尼古拉的眼角膜使两个意大利人重见光明。就连尼古拉的胰腺，也被提取出来，用于治疗糖尿病……

“我不恨这个国家，不恨意大利人。我只是希望凶手知道他们做了些什么。”格林说，嘴角的一丝微笑掩不住内心的悲痛。而他的妻子玛格丽特的庄重、坚定、安详的面容，和他们四岁幼子脸上小大人般的表情，尤其令意大利人的灵魂震撼！他们失去了自己的亲人，但事件发生后他们所表现出来的宽容与大度，令全体意大利人深感羞愧。

生活中，我们要学会宽容、大度。古人说：“大度集群朋。”一个人若能有宽宏的度量，他的身边便会集结起大群的知心朋友。大度，表现为对人、对事能“求同存异”，不以自己的特殊个性或癖好对待他人。大度，也表现为能听得进各种不同的意见，尤其能认真听取相反的意见。

大度，还要能容忍他人的过失，尤其是当他人对自己犯有过失时，能不计前嫌，一如既往。大度，更应表现为能够虚心接受批评，发现自己的过失，便立即改正，和他人发生矛盾时，能够主动检讨自己，而不文过饰非、推诿责任。大度者，能够关心人、帮助人、体贴人，责己严、责人宽。

有首打油诗写道：“占便宜处失便宜，吃得亏时天自知。但把此心存正直，不愁一世被人欺。”内心正直、胸怀雅量，才能包容万物，才能以美好、善良之心看待万物。

那么，如何培养度量呢？

凡是小事，不要太过计较，要原谅别人的过失。

不如意的事来临时，泰然处之，不为所累。

受人讥讽，不要睚眦必报。

学会吃亏，把便宜让给别人。

多看别人的优点，少盯着别人的缺点。

俗语说:“将军额上能跑马,宰相肚里能撑船。”宽容是一种境界、一种美德，它能使复杂的事情变简单，使人生跃上新的台阶。

与人争辩，你永远不会真赢

与别人看法和意见不一致，就去跟别人争辩。这样的想法是错的。因为在你争辩的过程当中，势必会想办法证明自己是对的，别人是错的。

通常情况下，没有人愿意听到别人对于自己的批评，所以即使我们说的是对的，他也未必能够听进去。再者，争论的过程中，每一方都以对方为“敌”，试图将一己的观念强加给别人，最终一定会伤害彼此之间的情感，引发很多不必要的误解。

美国耶鲁大学的两位教授曾经做过一项实验。他们耗费了 7 年的时间，调查了种种争论的实态。例如，店员之间的争执、夫妇间的吵架、售货员与顾客间的斗嘴等，甚至还调查了联合国的讨论会。结果，他们证明了凡是去攻击对方的人，绝对无法在争论方面获胜。

当别人在和你谈话时，他根本没有准备请你说教，若你自作聪明，拿出更高超的见解，对方绝不会乐意接受。所以，你不可随便摆出要教导别人的姿态。你的同事向你提出一个意见时，你若不能赞同，最低限度也要表示可以考虑，不可马上反驳。要是你的朋友和你谈天，你更要注意，太多的执拗会把一切有趣的生活变得乏味。遇上别人真的错了，又不肯接受批评或劝告时，别急于求成，往后退一步，把时间延长些，隔一天或两个星期再谈吧！否则大家都固执，就不仅没有进展，反而互相伤害感情，造成隔阂了。

许多人因为喜欢表示不同意见，而得罪了同事，所以常常有人认为不要轻易表示出不同意见。这种看法是很片面的。只要你的办法是正确的，向别人表示自己的不同意见，不但不会得罪人，而且有时还会大受欢迎，使人有“听君一席话，胜读十年书”之感。

那么怎样才能有效避免争论呢？大致可以从以下几个方面做起：

1. 欢迎不同的意见。

当你与别人的意见始终不能统一的时候，这时就要求舍弃其中之一。人的脑力是有限的，有些方面不可能完全想到，因而别人的意见是从另外一个人的角度提出的，总有些可取之处，或者比自己的更好。这时你就应该冷静地思考，或两者互补，或择其善者。如果采取的是别人的意见，就应该衷心感谢对方，因为有可能此意见可以使你避开了一个重大的错误，甚至奠定了你一生成功的基础。

2. 不要相信直觉。

每个人都不愿意听到与自己不同的声音。当别人提出与你不同的意见时，你的第一个反应是要自卫，为自己的意见辩护并竭力去寻找根据，这完全没有必要。这时你要平心静气地、公平、谨慎地对待两种观点（包括你自己的），并时刻提防你的直觉（自卫意识）对你做出正确抉择的影响。值得一提的是，有的人脾气不好，听不得反对意见，一听见就会暴躁起来。这时就应控制自己的脾气，让别人陈述观点，不然，就未免气量太窄了。

3. 耐心把话听完。

每次对方提出一个不同的观点，不能只听一点就开始发作了，要让别人有说话的机会。一是尊重对方，二是让自己更多地了解对方的观点，以判断此观点是否可取，努力建立了解的桥梁，使双方都完全知道对方的意思，不要弄巧成拙。否则的话，只会增加彼此沟通的障碍和困难，加深双方的误解。

4. 仔细考虑反对者的意见。

在听完对方的话后，首先想的就是去找你同意的意见，看是否有相同之处。如果对方提出的观点是正确的，则应放弃自己的观点，而考虑采取他们的意见。一味地坚持己见，只会使自己处于尴尬境地。

5. 真诚对待他人。

如果对方的观点是正确的，就应该积极地采纳，并主动指出自己观点的不足和错误的地方。这样做，有助于解除反对者的武装，减少他们的防卫，同时也缓和了气氛。

及时原谅别人的错误

世界上如果没有宽容和信任，一切亲情、友情、爱情都将失去存在的基础，每个角落都是尔虞我诈的欺骗，社会将毫无温情可言。

只因偶尔的过错完全否定自己的朋友，以至于不再信任他了，这不仅是对朋友的背叛，也是对自己的背叛。

过错与过错是不一样的，有的过错不可原谅，有的过错可以原谅。对朋友偶尔犯下的过错，只要他承担了自己应负的责任，作为朋友理当予以原谅。

在一个小镇上有一个出名的地痞，整日游手好闲，酗酒闹事，人们见到他避之唯恐不及。一天，他醉酒后失手打伤了上门讨债的债主，被判刑入狱。

入狱后的地痞幡然悔悟，对以往的言行深深感到懊悔。

一次，他成功地协助监狱管理人员制止了一次犯人的集体越狱出逃，获得减刑的机会。

地痞（原谅这样继续称呼他）从监狱中出来后，回到小镇上重新做人。他先是想找个地方打工赚钱，结果全被拒绝。食不果腹的地痞又来到亲朋好友家借钱，看到的都是一双双不相信的眼光，他那一点刚充满希望的心，开始滑向失望的边缘。这时，地痞少年时代的朋友听说了，就取出了100美元送给他。地痞接钱时没有显出过分的激动，他平静地看了一眼“昔日的朋友”后，消失在镇口的小路上。

数年后，地痞从外地归来。他靠100美元起家，苦命拼搏，终于成了一个腰缠万贯的富翁，不仅还清了亲朋好友的旧账，还领回来一个漂亮的妻子。他来到了昔日的朋友家，恭恭敬敬地捧上了200美元，然后，流着泪说道：“谢谢你！你是我真正的朋友，是你的宽容之心和真诚的信任给了我站起来的勇气。”

可见，宽容他人，信任他人，既是对人性的肯定，也是对人的帮助。

要做到胸襟开阔，一般需要认识到“人无完人”，要做到“得理让人”，宽容别人。

小赵大学毕业初入社会，在一家公司外贸部就职。他的顶头上司每天下班后总是跟着外方科长拼命“加班”，无事瞎忙，把白天理好的文件弄得一团糟，出了错，又把责任推给小赵。小赵的稚嫩决定他不是一个会“争”的人,只好忍气吞声地等外方科长长出“火眼金睛”，看出此中曲直来，结果等了几个月，还是等不来一句公道话。

一气之下，小赵辞职去了另一家公司，在那里，他的出色工作博得了许多同事的称赞，但无论怎样也没法使苛刻、暴躁的经理满意。心灰意冷间，他又萌生了跳槽之念，于是向总经理递交了辞呈。总经理先生没有竭力挽留小赵，只是告诉他自己处世多年得出的一个经验：如果你讨厌一个人，你就要试着去爱他。总经理说，他就像鸡蛋里挑骨头一样在每一位上司身上找优点，结果，他发现了老板的两大优点，而老板也逐渐喜欢上了他。

小赵依旧讨厌他的经理，但已悄悄收回了辞呈。作为一个成熟的人，应该放开心胸去包容一切，爱一切。

就算我们没办法爱我们的敌人，起码也应该更多爱惜自己。不要让敌人控制我们的心情、左右我们的健康以及外表。

当耶稣说，我们应该原谅我们的仇人“77 次”时，他实际上也是在教我们做人的道理。

当然，人非圣贤，要去爱我们的敌人也许真的有点强人所难，但出于自身的健康与幸福，学习宽恕敌人，甚至忘了所有的仇恨，也可以算是一种明智之举。有句名言说：“无论被虐待也好，被抢掠也好，只要忘掉就行了。”

让谣言止于平静

生存于一个团体之中，无论你如何做人，也无法让每一个人都满意，更何况当有利益纷争的时候呢？出于种种原因，对我们不利的谣言就来了，有攻击我们能力的，也有诽谤我们的信誉和人格的。

流言很多，常常令我们身陷被动的境地。怎么处理它成为每个人关心的问题，其实对于身陷谣言旋涡中的人来说，最需要的是冷静的头脑，而非沮丧的心情和失望的愤怒。

他人对我们造谣的动机各种各样，但无论是出于嫉妒还是别的阴谋，我们越在不顺心的时候就越要保持冷静，绝不能被谣言的制造者打倒。

1952 年，尼克松参加了艾森豪威尔总统的竞选班子。就在这时，有人揭发：加利福尼亚的某些富商以私人捐款的方式暗中资助尼克松，而尼克松将那笔钱据为己有。

尼克松据理反驳，说那笔钱是用来支付政治活动开支的，绝没有据为己有。但是，艾森豪威尔要求他的竞选伙伴必须“像猎狗的牙齿一样清白”，准备把尼克松从候选人的名单中除去。

这样，那一年10月的一天晚上，10点30分，全美所有的电视台、电台将各自的镜头、话筒对准了尼克松——他不得不通过电视讲话解释这些捐款的来龙去脉，为自己的清白而作辩护。

尼克松在讲话中并没有单刀直入地为自己辩解，而是多次提到他的出身如何低微，如何凭借自己的一股勇气、自我克制和勤奋工作才得以逐步上升的，博得了观众和听众的同情。

说着说着，他话题一转，似乎是顺便提起了一件有趣的往事。他说道：“在我被提名为候选人后，的确有人给我送来一件礼物。那是在我们一家人动身去参加竞选活动的当天，有人说寄给了我家一个包裹。我前去领取，你们猜会是什么东西？”

尼克松故意打住，以提高听众的兴趣。“打开包裹一看，是一个条箱，里面装着一条西班牙长耳朵小狗儿，全身有黑白相间的斑点，十分可爱。我那六岁的女儿特莉西亚喜欢极了，就给它起了一个名字，叫‘棋盘’。大家都知道，小孩子们都是喜欢狗的。所以，不管人家怎么说，我打算把狗留下来……”

这就是历史上有名的尼克松的“棋盘演说”。

事后，美国的一份娱乐杂志马上把这次“棋盘演说”嘲讽为花言巧语的产物。好莱坞制片人达里尔·扎纳克则说：“这是我从未见过的最为惊人的表演。”

尼克松当时还以为自己失败了，可最后事态的发展完全出乎大家的意料，成千上万封赞扬他的电报涌进了共和党总部，他因为表现出色而最终被留在了候选人的名单上。

冷静是卓越的基础，只有冷静才能让自己不乱方寸，在谣言的旋涡中立住脚，以便伺机出击、反击对手。

冷静更是保证我们准确判断的重要因素，没有冷静的头脑就不会制定出正确的决策和行之有效的计划。

谣言并不是什么可怕的事，冷静思考是我们对待谣言的最佳处理办法。

阮玲玉就曾因为谣言漫天飞舞而割腕自杀，只留下了“人言可畏”四个字！一代名伶，最后竟以这样的方式香消玉殒，这不得不说是没能保持头脑冷静的结果。

冷静是一种出色的自制力，一个遇事总是头脑发热丧失理智的人是非常危险的。当不利于我们的谣言出现时，告诉自己这很正常，要用冷静击破它。

拥有忍耐力可以战胜一切

当“智慧”已经钝化，“天才”无能为力，“机智”与“手腕”已经机关算尽，其他的各种能力都已束手无策、宣告绝望的时候，就只剩下“忍耐”。

在别人都已停止前进时，你仍然坚持；在别人都已失望放弃时，你仍然进行，这是需要相当的勇气的。使你得到比别人更高的位置、更多的薪资，使你超乎寻常的，正是这种坚持、忍耐的能力，不以喜怒好恶改变行动的能力。

忍耐的精神与态度，是许多人能够成功的关键。

推销商品时，不管对方怎样傲慢无礼，总不要怒然而返，这种商人才能得到胜利。一次推销不成，两次、三次、四次，最后使对方不但钦佩你的勇气与决心，并会感受到你的耐力与诚恳的精神而成全了他，照顾你的生意。

在商界，能做最多的生意、得到最多的主顾的人，都是那些决不在困难时说出“不”字来的人，是那种有忍耐的精神、谦和的态度，足以使别人感觉难拂其意、难却其情的人。

一受刺激就不能忍耐的人，不会有大成就。

人们的天性决定了他们对各商家的推销员，总有些不欢迎。但当他们遇到了一个有忍耐精神、谦和态度的推销员，事情就不同了。他们知道，有忍耐精神的推销员是不容易打发的，他们常常由于钦佩某个推销员的忍耐精神而购买他的商品。

有谦和、愉快、礼貌、诚恳的态度，同时又兼具忍耐精神的人，是非常幸运的。

做我们高兴做的事，做我们愿意做的事，这是很容易的，但是要全神贯注地去做那种不快的、讨厌的、为我们的内心所反对的，而同时又因为别人的缘故不得不去做的事，却是需要勇气、耐性的。每天怀着勇气与热诚去从事我们所不适宜、不想做的工作，从事我们内心反抗不得不干的事，年复一年这样下去，真是需要英雄般的勇气与耐力。

认定了一个大目标，不管它可喜或可厌，不管自己高兴或不高兴，总是全力以赴——这样的人，总能得到胜利。

定下了一个固定的目标，然后集中全部精力去实现那个目标。这种能力，最能获得他人的钦佩与尊敬。

没有不顾障碍而坚持奋斗的勇气与百折不回的忍耐精神，不能成就大的事业。懦弱、意志不坚定、不能忍耐的人，不能得到他人的信任与钦佩。只有积极的、意志坚强的人，才能得到大家的信任。如果没有大家的信任，那么事业的成功是没什么希望的。

不管社会发生什么变化，意志坚定的人总能在社会上找到位置。人人都相信百折不回、能坚持、能忍耐的人，意志的坚定能生出信用来。假使你能够不管情形如何，总是坚持，总能忍耐，则你已经具备了“成功”的要素了。

所以，从某个角度来说，忍耐不失为一种技巧和一种策略。

多点雅量面对嘲笑

面对他们的嘲笑，一定要有胸襟，有雅量，这同时也是一种做人的智慧。

曾任美国总统的福特在大学里是一名橄榄球运动员，体质非常好，所以他在62岁入主白宫时，他的身体仍然非常挺拔结实。当了总统以后，他仍继续滑雪、打高尔夫球和网球，而且非常擅长。

在1975年5月，他到奥地利访问，当飞机抵达萨尔茨堡，他走下舷梯时，他的皮鞋碰到一个隆起的地方，脚一滑就跌倒在跑道上。他跳了起来，没有受伤，但使他惊奇的是，记者们竟把这次跌倒当成一项大新闻，大肆渲染起来。在同一天里，他又在丽希丹宫的被雨淋滑了的长梯上滑倒了两次，险些跌下来。随即一个奇妙的传说散播开了：福特总统笨手笨脚，行动不灵敏。自萨尔茨堡以后，福特每次跌跤或者撞伤，记者们总是添油加醋地把消息向全世界报道。后来，竟然反过来，他不跌跤也变成新闻了。哥伦比亚广播公司曾这样报道说：“我一直在等待着总统撞伤头部，或者扭伤胫骨，或者受点轻伤之类的来吸引读者。”记者们如此渲染似乎想给人形成一种印象：福特总统是个行动笨拙的人。电视节目主持人还在电视中和福特总统开玩笑，喜剧演员切维·蔡斯甚至在节目里模仿总统滑倒和跌跤的动作。

福特的新闻秘书朗·聂森对此提出抗议，他对记者们说：“总统是健康而且优雅的，他可以说是我们能记得起的总统中身体最为健壮的一位。”

“我是一个活动家，”福特抗议道，“活动家比任何人都容易跌跤。”

他对别人的玩笑总是一笑了之。1976 年 3 月，他还在华盛顿广播电视记者协会年会上和切维·蔡斯同台表演过。节目开始，蔡斯先出场。当乐队奏起乐曲时，他“绊”了一下，跌倒在歌舞厅的地板上，从一端滑到另一端，头部撞到讲台上。此时，每个到场的人都捧腹大笑，福特也跟着笑了。

当轮到福特出场时，蔡斯站了起来，佯装被餐桌布缠住了，弄得碟子和银餐具纷纷落地。蔡斯装出要把演讲稿放在乐队指挥台上，可一不留心，稿纸掉了，撒得满地都是。众人哄堂大笑，福特却满不在乎地说道：“蔡斯先生，你是个非常、非常滑稽的演员。”

生活是需要睿智的。如果你不够睿智，那至少可以豁达。以乐观、豁达、体谅的心态看问题，就会看出事物美好的一面；以悲观、狭隘、苛刻的心态去看问题，你会觉得世界一片灰暗。两个被关在同一间牢房里的人，透过铁窗看外面的世界，一个看到的是美丽神秘的星空，一个看到的是地上的垃圾和烂泥，这就是区别。

面对嘲笑，最忌讳的做法是勃然大怒，大骂一通，其结果只会让嘲笑之声越来越炽。要让嘲笑尽快平息，最好的办法是一笑了之。一个目标明确的人，不会去考虑别人多余的想法，而是有风度、有气概地接受一切非难与嘲笑。伟大的心灵多是海底之下的暗流，唯有小丑式的人物，才会像一只烦人的青蛙一样，整天聒噪不休！

原谅生活，是为了更好地生活

人生在世，我们不必总跟自己过不去，也别跟生活过不去，没理由不滋润、不快活，关键是我们选择什么样的角度看生活与看自己。我们有我们的悲哀，生活有生活的难处，应当学会原谅生活。

宋代大诗人苏轼说："人有悲欢离合，月有阴晴圆缺，此事古难全。"古人有古人的悲哀，可古人很看得开，他把人世间的悲欢离合比作月的阴晴圆缺，一切全出于自然，其中有永恒不变的真理，它像一只无形的手在那里翻云覆雨，演绎着多色多味的世界。今人也有今人的苦恼，因为"此事古难全"。

有一位哲学家，当他是单身汉的时候，和几个朋友一起住在一间小屋里。尽管生活非常不便，但是，他一天到晚总是乐呵呵的。

有人问他："那么多人挤在一起，连转个身都困难，有什么可乐的？"

哲学家说："朋友们在一块儿，随时都可以交换思想、交流感情，这难道不值得高兴吗？"

过了一段时间，朋友们一个个相继成家了，先后搬了出去。屋子里只剩下了哲学家一个人，但是每天他仍然很快活。

那人又问："你一个人孤孤单单的，有什么好高兴的？"

"我有很多书啊！一本书就是一个老师。和这么多老师在一起，时时刻刻都可以向它们请教，这怎能不令人高兴呢？"

几年后，哲学家也成了家，搬进了一座大楼里。这座大楼有七层，他的家在最底层。底层在这座楼里环境是最差的，上面老是往下面泼污水，丢死老鼠、破鞋子、臭袜子和杂七杂八的脏东西。那人见他还是一副自得其乐的样子，好奇地问："你住这样的房间，也感到高兴吗？"

"是呀！你不知道住一楼有多少妙处啊！比如，进门就是家，不用爬很高的楼梯；搬东西方便，不必费很大的劲儿；朋友来访容易，用不着一层楼一层楼地去叩门询问……特别让我满意的是，可以在空地上养些花，种些菜。这些乐趣呀，数之不尽啊！”

后来，那人遇到哲学家的学生，问道：“你的老师总是那么快快乐乐，可我却感到，他每次所处的环境并不那么好呀。”

学生笑着说：“决定一个人快乐与否，不在于环境，而在于心境。”

苦恼和悲哀常常引起人们对生活的抱怨，哀自己命运，怨生活的不公。其实生活仍然是生活，关键看你从什么角度去看。

人生是什么？从某种意义上说，难道不像一场赌局吗？用你的青春去赌事业，用你的痛苦去赌欢乐，用你的爱去赌别人的爱。要不诗人顾城怎么说：“如果你觉得活得没意思了，那就该死了。”

每逢沮丧失落时，我们对一切感到乏味，生活的天空阴云密布，看什么都不顺眼，像T恤衫上印着的：别理我，烦着呢！生活中有很多时候令我们心情不好。面对落榜，面对失恋，面对解释不清的误会，我们的确不易很快超脱。但是人有逆反心理，更多的时候是“多云转晴”，忧郁被生气勃勃的憧憬所取代。烦些什么？你的敌人就是你自己，战胜不了自己，没法不失败；想不开、钻死胡同，全是想不开所致。

原谅生活有那么多阴差阳错，因为它要让你学会坚强、珍惜。生活在这个世界上，我们不得不怀着一颗宽大的心去原谅诸多人和事，原谅上天对人的不公，因为它总要去考验一些人、捉弄一些人……

报复是对别人的打击，也是对自己的摧残

大多数人都一直以为，只要我们不原谅对方，就可以让对方得到一些教训，也就是说：只要我不原谅你，你就没有好日子过。而实际上，不原谅别人，表面上是令别人尴尬，其实真正倒霉的人却是我们自己，一肚子窝囊气不说，甚至连觉都睡不好。没多久就积

出病来。这样看来，报复不仅让我们对别人的打击不能实现，反倒对自己的内心是一种摧残。

有一位好莱坞的女演员，失恋后，怨恨和报复心使她的面孔变得僵硬而多皱。她去找一位最有名的化妆师为她美容。这位化妆师深知她的心理状态，中肯地告诉她："你如果不消除心中的怨和恨，我敢说全世界任何美容师也无法美化你的容貌。"

当你被痛苦折磨得筋疲力尽时，不妨学着宽恕，忘记怨恨，沉浸在痛苦的回忆中是徒劳的。与其咒骂黑暗，不如在黑暗中燃起一支明烛。忘记怨恨能让你告别过去的灰暗情绪，重新变得积极乐观起来。

生活中，我们难免与别人产生误会、摩擦。有的伤了自己的面子，有的让自己下不了台，有的当众给了自己难堪，有的对自己有成见，等等。如果不注意，在我们萌生恨意之时，仇恨袋便会悄悄成长，你的心灵就会背负上报复的重负而无法获得自由。

英国作家乔治·赫伯特说："不能宽容的人将会损坏他自己必须去过的桥。"这句话的智慧在于，宽容使给予者和接受者都受益。当真正的宽容产生时，没有疮疤留下，没有伤害，没有复仇的念头，只有愈合。宽容是一种医治的力量，不仅能医治被宽容者的缺陷，还可以挖掘出宽容者身上的伟大之处，正如美国作家哈伯德所说："宽容和受宽容的难以言喻的快乐，是连神明都会为之羡慕的极大乐事。"

有人给宽容作了一个十分美丽的比喻，他说："一只脚踩扁了紫罗兰，它却把香味留在那脚跟上，这就是宽容。"

1944年冬天，苏军已经把德军赶出了国门，成百万的德国兵被俘虏。一天，一队德国战俘从莫斯科大街上穿过，所有的马路都挤满了人。她们每一个人，都和德国人有着一笔血债。

妇女们怀着满腔仇恨，当俘虏出现时，她们把手攥成了拳头。士兵和警察们竭尽全力阻挡着她们，生怕她们控制不住自己。

这时，最令人意想不到的事情发生了：一位上了年纪的犹太妇女，从怀里掏出一个用印花布方巾包裹的东西。里面是一块黑面包，她把它塞到了一个疲惫不堪的、几乎站不住的俘虏的衣袋里。

她转过身对那些充满仇恨的同胞们说："当这些人手持武器出现在战场上时，他们是敌人。可当他们解除了武装出现在街道上时，他们是跟所有别的人，跟'我们'和'自己'一样的人。"

于是，气氛改变了。妇女们从四面八方一齐拥向俘虏，把面包、香烟等各种东西塞给这些战俘。

仇恨是带有毁灭性的情感，只会激化矛盾，酿成大祸。宽容的心却能轻易将恨意化解，让紧张的气氛化成温情脉脉。能将宽容之心给予敌对方，已经可以称得上圣洁了，即便只是一个贫苦的犹太老妇人，也完全担得起"伟大"两个字。

有智慧的人，不会将"仇人"恨之入骨。每个人站的角度不同，考虑的事情自然有所差异，不管想法和你是否接近，每个角度的"出发点"自有它存在的理由。我们应该学会宽容：把自己当成别人，站在对方的角度去感受对方的情感；把别人当成自己，感同身受用亲身去体验别人的感受；把别人当成别人，我们无法强求别人改变，只能去理解别人；把自己当成自己，我们的一切理解和包容并非为了别人，而是为了自己，设身处地地包容别人，其实也是在包容我们自己。

消灭嫉妒的"毒瘤"

有人的地方，就有比较。所以人与人之间的交往，一直遵循着

“攀比定律”，即别人有的东西，我也要有；别人没有的东西，我最好也有。这样就会产生心理上的优越感，否则就只能看着别人的东西生气。嫉妒的痛苦是难以用语言来形容的。

一般来说，心胸狭窄的人都有一颗善于嫉妒别人的心，而一个人的嫉妒心常常会让他采取一些过激行为，这对于个人的成长来说不啻于一颗毒瘤。在某大学曾经发生过一个悲惨的故事：一名生物系即将毕业的女研究生用水果刀将自己的导师刺伤，随即举刀自尽。

这个女生自小就性格孤僻，爱嫉妒他人，虽然在升学的道路上，她成绩优异，一帆风顺，但她孤僻而爱嫉妒的性格始终没有改变。在就读研究生时，她的刻苦精神深得导师器重，但导师更喜欢另一位男生灵活而幽默的性格。于是女生妒火中烧，数次在导师面前中伤那位男生。导师明察之后，发现多数事情纯属子虚乌有，便委婉地批评了女生。由此，女生怒不可遏，做出了伤师残己的愚蠢行为。

类似上面的事情在我们身边不止一次地发生，然而我们却常常只当故事来听、来看。其实，嫉妒的杀伤力远超过我们的想象，每当心中怀着一股嫉妒之火时，受到伤害的就是自己。

一只老鹰常常嫉妒别的老鹰飞得比它高。有一天，它看到一个带着弓箭的猎人，便对他说：“我希望你帮我把在天空飞的其他老鹰射下来。”

猎人说：“你若提供一些羽毛，我就把它们射下来。”

这只老鹰于是从自己的身上拔了几根羽毛给猎人，但猎人却没有射中其他的老鹰。它一次又一次地提供身上的羽毛给猎人，直到身上大部分的羽毛都拔光了。于是猎人转身过来抓住它，把它杀了。

嫉妒对嫉妒者的伤害，正如铁锈对钢铁的伤害一样。心胸狭窄者之所以避免不了失败的结局，就在于他们心存不良。不愿别人超过自己倒还罢了，要命的是，当自己倒霉之时，也要别人没好日子过。要达到这样的目的，除了伤人害己，别无他途了。

听一听智者的箴言，让我们再次认识嫉妒之害。英国作家萨克雷说：“一个人妒火中烧的时候，事实上就是个疯子，不能把他的一举一动当真。”

另一位英国作家亚当契斯说：“不要让嫉妒的毒蛇钻进你的心里，这条毒蛇会腐蚀你的头脑，毁坏你的心灵。”

英国逻辑学家罗素说：“善嫉的人，不但从自己所有的东西中拿掉快乐，还从他人所有的东西中拿走痛苦。”

英国诗人雪莱说：“妒忌的眼睛易受欺骗。”

英国哲学家培根说：“妒忌会使人得到短暂的快感，也能使不幸更辛酸。”

德国散文家海涅说：“失宠和嫉妒曾使天使堕落。”

英国戏剧家莎士比亚说：“善妒者必惹忧愁。”

既然嫉妒如毒素，就要转移它，不让嫉妒之火成为心中的绳索。你要明白，嫉妒实质上是在不知不觉中毁灭了你自己。一滴水成不了海洋，一棵树成不了森林。任何事业的成功都少不了合作，而嫉妒却总是会拆散所有的合作。因而，克服嫉妒，你就要时刻提醒自己：只有你自己将一事无成。

著名的华尔街投资大师巴鲁克说：“不要妒忌。最好的办法是假定别人能做的事情，自己也能做，甚至能做得更好。”记住，一旦你开始妒忌，也就是承认自己不如别人。你要超越别人，首先你得超越自身。坚信别人的优秀并不妨碍自己的前进，相反，它可能给你前所未有的动力。事实上，每一个真正埋头投入自己事业的人，是没有工夫去嫉妒别人的。

第四节

知足，让抱怨无处停留

抱怨源自不知足

大哲人老子曾说过："祸莫大于不知足，咎莫大于欲得。"这句话对于今天有着尤其特殊的意义。纵观今日一些落马之人，探其缘由，"祸咎"概莫能出其"不知足"和"欲得"之外。贪婪的欲望使得一个又一个春风得意的"能人"，从马上倏然坠地，沦为"阶下囚"，甚至走上"断头台"。

自老子以后，很多先哲都提倡"知足知止"的教条，这个教条也确实在紧紧地约束着中国人的行止。比如庄子就是一个清心寡欲的人，他曾告诫人们："知足者，不以利自累也。"王廷相则说："君子不辞乎福，而能知足也；不去乎利，而能知足也。故随遇而安，有天下而不与也，其道至矣乎！"吕坤也有一言曰："万物安于知足，死于无厌。"

由古至今，人类始终难以摆脱欲望。在欲望的支配下，人们会做出许多不可理解的事情。当自己的欲望得到了满足的时候，就万事顺心了。可是，当欲望没有达成的时候，人们的心理就会失衡，就会产生抱怨的情绪。所以，抱怨源自不知足，只有知足的人才能感受到人生的富足。

希腊哲学家克里安德，当年虽已八十高龄，但依然仙风鹤骨，非常健壮，有人问他："谁是世上最富有的人？"

克里安德斩钉截铁地说："知足的人。"

这句话恰和老子的"知足者富"的说法如出一辙。

曾有人问当代美国最富有的石油大王史泰莱："怎样才能致富？"

这位石油大王不假思索地回答："节约。"

"谁比你更富有？"

"知足的人。"

"知足就是最大的财富吗？"

史泰莱引用了罗马哲学家塞涅卡的一句名言来回答说："最大的财富，是在于无欲。"

塞涅卡还有一句智慧的话："如果你不能对现在的一切感到满足，那么纵使让你拥有全世界，你也不会幸福。"

最妙的是，罗马大政治家兼哲学家西塞罗也曾有类似的说法："对于我们现在有的一切感到满足，就是财富上的最大保证。"

知足者常乐，知足便不作非分之想；知足便不好高骛远；知足便安若止水、气静心平；知足便不贪婪、不奢求、不豪夺巧取。知足者温饱不虑便是幸事；知足者无病无灾便是福泽。过分地贪取、无理地要求，只是徒然带给自己烦恼而已，在日日夜夜的焦虑企盼中，还没有尝到快乐之前，已饱受痛苦煎熬了。因此古人说："养心莫善于寡欲。"我们如果能够把握住自己的心，驾驭好自己的欲望，不贪得、不觊觎，做到寡欲无求，役物而不为物役，生活上自然能够知足常乐、随遇而安了。

知足不是自满和自负，不是装饰，不是自谦，而是知荣辱，乐自然。知足的人即满足于自我的人，知足者能认识到无止境的欲望和痛苦，于是就干脆压抑一些无法实现的欲望，这样虽然看起来比较残忍，但它却减少了更多的痛苦。在能实现的欲望之内，他拼命为之奋斗，一旦得到了自己的所求，快乐便油然而生，每上一个台阶，快乐的程度也会增加一分。只有经常知足，在自我能达到的范围之内去要求自己，而不是刻意去勉强、强迫自己，才能心平气和地去享受幸福。

让你痛苦的，就是你的贪欲

欲望与生俱来，人人都有。世人如何不心安，只因存有放纵的欲望。明末清初有一本书叫《解人颐》，对欲望做了入木三分的描述：

终日奔波只为饥，方才一饱又思衣。

衣食两般皆俱足，又想娇容美貌妻。

娶得美妻生下子，恨无田地少根基。

买到田园多广阔，出入无船少马骑。

槽头扣了骡和马，叹无官职被人欺。

当了县令嫌官小，又要朝中挂紫衣。

若要世人心满足，除是南柯一梦西。

可见人心不足蛇吞象，不是一句空言。做人如果不能控制自己的欲望，就会成为欲望的奴隶，最终丧失自我，被欲望所役。

我们应该明白：即使拥有整个世界，我们一天也只能吃三餐，这是人生思悟后的一种清醒，谁真正懂得它的含义，谁就能活得轻松，过得自在，白天知足常乐，夜里睡得安宁，走路感觉踏实，蓦然回首时没有遗憾！

物欲太盛就是永不知足，没有家产想家产，有了家产想当官，当了小官想大官，当了大官想成仙……精神上永无宁静，永无快乐。

物质上永不知足是一种病态，其病因多是权力、地位、金钱之类引发的。这种病态如果发展下去，就是贪得无厌，其结局是自我爆炸、自我毁灭。

托尔斯泰说："欲望越小，人生就越幸福。"这话，蕴含着深邃的人生哲理。这是针对欲望越大，人越贪婪，人生越易致祸而言的。古往今来，被难填的欲壑所葬送的贪婪者，多得不可计数。

韩国前总统卢泰愚从1988到1993年执政5年期间，利用职权贪污政治资金多达5000亿韩元（约800韩元合1美元），下野前夕，将剩余的政治资金用化名分别存入20多家银行，据为己有。1995年8月初，韩国前内阁成员总务处长官徐锡宰与一些新闻界的朋友在汉城市一家餐馆饮酒，酒后吐真言，将这秘密泄露。在野的民主党穷追不舍，私下进行调查，掌握了大量证据，卢泰愚被关入监狱，等待法律的最终判决。

在证人、证据面前，卢泰愚不得不承认他的犯罪事实，并在记者招待会上流下了眼泪。接受传讯后回到住宅，他问他的医生："有没有一种药服后可以一睡不醒，我真不想活了！"但是正如韩国报纸所强调的那样："眼泪不会获得国民的同情。"

面对诱惑，需要保持清醒的头脑，勇于放弃。如果抓住不放，贪得无厌，就会带来无尽的压力，令人痛苦不安，甚至自己毁灭。

晋代陆机《猛虎行》有云："渴不饮盗泉水，热不息恶木荫。"讲的就是在诱惑面前的一种放弃、一种清醒。

以虎门销烟闻名中外的清朝封疆大吏林则徐便深谙放弃的道理。他以"无欲则刚"为座右铭，历官40年，在权力、金钱、美色面前做到了洁身自好。他教育两个儿子"切勿仰仗乃父的势力"，实则也是本人处世的准则。他在《自定分析家产书》中说："田地家产折价三百银有零""况目下均无现银可分"，其廉洁之状可见一斑。终其一生，林则徐没有沾染拥姬纳妾之俗，这在高官重臣之中恐怕也是少见的。

在现实生活中，我们需要有一种放弃欲望的清醒。其实，在物欲横流、灯红酒绿的今天，摆在每个人面前的诱惑都有很多。唯有保持一颗清凉心，善待欲望的人，才不会误入歧途。无尽的欲望只会让你成为一口枯井。贪婪耗尽人的能量，是永不让人满足的地狱。所以，我们一定要锁住自己的欲望，不要让它破坏我们的幸福。

学会在远处欣赏人生美景

一天，上帝突发奇想："假如让现在世界上的每一个生命再活一次，他们会怎样选择呢？"于是，上帝给世界众生发放问卷，让大家填写。

问卷收回后，令上帝大吃一惊，请看他们各自的回答——

猫："假如让我再活一次，我要做一只鼠。我偷吃主人一条鱼，会被主人打个半死。而老鼠呢，可以在厨房翻箱倒柜，大吃大喝，人们对它也无可奈何。"

鼠："假如让我再活一次，我要做一只猫。吃皇粮，拿官饷，从生到死由主人供养，时不时还有我们的同类给它打打牙祭，很自在。"

猪："假如让我再活一次，我要当一头牛。生活虽然苦点，但名声好。我们似乎是傻瓜懒蛋的象征，连骂人也都要说蠢猪。"

牛："假如让我再活一次，我愿做一头猪。我吃的是草，挤的是奶，干的是力气活，有谁给我评过功，发过奖？做猪多快活，吃罢睡，睡罢吃，肥头大耳，生活赛过神仙。"

鹰："假如让我再活一次，我愿做一只鸡，渴有水，饿有米，住有房，还受主人保护。我们呢，一年四季漂泊在外，风吹雨淋，还要时刻提防冷枪暗箭，活得多累！"

鸡："假如让我再活一次，我愿做一只鹰，可以翱翔天空，任意捕兔捉鸡。而我们除了生蛋、报晓外，每天还胆战心惊，怕被捉被宰，惶惶不可终日。"

最有意思的是人的答卷。

不少男人填写的是："假如让我再活一次，我要做一个女人，可以撒娇，可以邀宠，可以当妃子，可以当公主，可以当太太，可以当妻妾……最重要的是可以支配男人，让男人拜倒在石榴裙下。"

不少女人的答卷填写着："假如让我再活一次，一定要做个男人，可以蛮横，可以冒险，可以当皇帝，可以当王子，可以当老爷，可以当父亲……最重要是可以驱使女人。"

上帝看完，气不打一处来："这些家伙只知道盲目攀比，太不知足了。"他把所有答卷全都撕碎，喝道："一切照旧！"

真正的幸福来自于我们眼下所拥有的一切。幸福源自珍惜，生活不是攀比。

中国有句古老的话："人比人，气死人。"同时亦有"知足常乐"的说法。人生的许多悲剧的产生，都是因为许多人不懂得珍惜，盲目将自己之短与他人之长作比较。如果希望获得快乐，就要学会爱自己。

《卧虎藏龙》里李慕白对师妹说的一句话："把手握紧，什么都没有，但把手张开，就可以拥有一切。"在人生的旅途中，需要我们放弃的东西很多。古人云，鱼和熊掌不可兼得。如果不是我们应该拥有的，我们就要学会放弃。几十年的人生旅途，会有山山水水，风风雨雨，有所得也必然有所失，只有我们学会了放弃，我们才觉拥有一份成熟，才会活得更加充实、坦然和轻松。

弱水三千，只取一瓢而饮。就好像人生，因为不能获得而增进了生活的乐趣，生活也因为得不到而越来越美丽。所以，我们要学会知足，学会在高处欣赏人生的美景。

错过花，我们将收获雨

生活中有一种痛苦叫错过。人生中一些极美、极珍贵的东西，常常与我们失之交臂，这时的我们总会因为错过美好而感到遗憾和痛苦。其实喜欢一样东西不一定非要得到它，俗话说："得不到的东西永远是最好的。"当你为一份美好而心醉时，远远地欣赏它或许是最明智的选择，错过它或许还会给你带来意想不到的收获。

哈佛大学要在中国招一名学生，这名学生的所有费用由美国政府全额提供。初试结束了，有30名学生成为候选人。

考试结束后的第10天，是面试的日子。30名学生及其家长云集锦江饭店等待面试。当主考官劳伦斯·金出现在饭店的大厅时，一下子被大家围了起来，他们用流利的英语向他问候，有的甚至还迫不及待地向他做自我介绍。这时，只有一名学生，由于起身晚了一步，没来得及围上去，等他想接近主考官时，主考官的周围已经是水泄不通了，根本没有插空而入的可能。

于是他错过了接近主考官的大好机会，他觉得自己也许已经错过了机会，于是有些懊丧起来。正在这时，他看见一个异国女人有些落寞地站在大厅一角，目光茫然地望着窗外，他想：身在异国的她是不是遇到了什么麻烦，不知自己能不能帮上忙？于是他走过去，彬彬有礼地和她打招呼，然后向她做了自我介绍，最后他问道："夫人，您有什么需要我帮助的吗？"接下来两个人聊得非常投机。

后来这名学生被劳伦斯·金选中了，在30名候选人中，他的成绩并不是最好的，而且面试之前他错过了跟主考官套近乎、加深自己在主考官心目中印象的最佳机会，但是他却无心插柳柳成荫。

原来，那位异国女子正是劳伦斯·金的夫人。

这件事曾经引起很多人的震动：原来错过了美丽，收获的并不一定是遗憾，有时甚至可能是圆满。

许多的心情，可能只有经历过之后才会懂得，如感情，痛过了之后才会懂得如何保护自己，傻过了之后才会懂得适时的坚持与放弃，在得到与失去的过程中，我们慢慢认识自己，其实生活并不需要那么多无谓的执着，没有什么真的不能割舍的，学会放弃，生活会更容易！

因此，即使你感觉到人生处于最困顿的时刻，也不要为错过而惋惜。失去的折磨会带给你意想不到的收获。花朵虽美，但毕竟有凋谢的一天，请不要再对花长叹了。因为可能在接下来的时间里，你将收获雨滴的温馨和细雨的浪漫。

只看我有的，我已经是富人

人生短暂几十年，赤条条来，又赤条条去，何必物欲太强，贪占身外之物？“身外物，不奢恋”是思悟后的清醒，它不但是超越世俗的大智大勇，也是放眼未来的豁达襟怀。谁能做到这一点，谁就会遇事想得开，放得下，活得轻松，过得自在。

《伊索寓言》讲述了这样一则故事：

有一次，孙子和祖父在林子里捕野鸡。祖父教孙子用一种捕猎器，它像一只箱子，用木棍支起，木棍上系着的绳子一直伸到他们隐蔽的灌木丛中。野鸡受撒下的玉米粒的诱惑，一路啄食，就会进入箱子，只要一拉绳子就大功告成了。

支好箱子藏起不久，就有一群野鸡飞来，共有九只。大概是饿久了的缘故，不一会儿就有六只野鸡走进了箱子。孙子正要拉绳子，可转念一想，那三只也会进去的，再等等吧。等了一会儿，那三只非但没进去，反而走出来三只。

孙子后悔了，对自己说，哪怕再有一只走进去就拉绳子。接着，又有两只走了出来。如果这时拉绳，还能套住一只。但孙子对失去的好运不甘心，心想着还会有些野鸡要回去的，所以迟迟没有拉绳。

结果，连最后那一只也走了出来。孙子一只野鸡也没有捕到。

贪婪是欲望无止境的一种表现，它让人永不知足。永不知足是一种病态，其病因多是对权力、地位、金钱之类的贪婪而引发的。捕野鸡的孙子，就是因为贪婪，想得到更多的东西，最后却把现在所拥有的也失掉了。

其实，快乐的关键是对追求过程的一种体验，而不是结果。结果无论成败得失，只要中间过程给你带来了欢乐喜悦，那就行了。有时，得而复失，失而复得，幻想破灭，空欢喜一场，这都是快乐的过渡和转化。

要是我们得不到我们希望的东西，最好不要让忧虑和悔恨来苦恼我们的生活，且让我们原谅自己，学得豁达一点。古希腊哲学家科蒂说："一个人生活上的快乐，应该来自尽可能少的对外来事物的依赖。"罗马政治学家及哲学家塞尼加也说："如果你一直觉得不满，那么即使你拥有了整个世界，也会觉得伤心。"

这个世界物欲无止境，而人生却太有限。一个人要想贪占天下所有的东西，灾难就要来了。做人必须要想透，人生一定要顿悟。古人早已告诫过我们："以德遗后者昌，以财遗后者亡。"

一个人要顺其自然地、平淡地看待物质的享受，得之无喜色，失之无悔色。什么都想得到的人，结果可能什么都得不到，甚至连自己已经拥有的也会失去。一个平淡对待自己生活的人，可能会意外地得到惊喜。

如果为了没有鞋而哭泣，看看那些没有脚的人

有这样一句话："在这个世界上，你是自己最好的朋友，你也可以成为自己最大的敌人。"当你接受自己、爱自己时，你的心里就充满了阳光；而当你排斥自己、讨厌自己时，你的心灵就会覆盖冰雪。要知道，微不足道的一点烦恼也可以毁掉你的整个生活。

有一个富翁，为了教育每天精神不振的孩子知福惜福，便让他到当地最贫穷的村落住了一个月。一个月后，孩子精神饱满地回家了，脸上并没有带着"下放"的不悦，让富爸爸感到不可思议。爸爸想要知道孩子有何领悟，问儿子："怎样？现在你知道，不是每个人都能像我们这样生活吧？"

儿子说："是的，他们过的日子比我们还好。

"我们晚上只有灯，他们却有满天星空。

"我们必须花钱才买得到食物，他们吃的却是自己的土地上栽种的免费粮食。

"我们只有一个小花园，对他们来说到处都是花园。

"我们听到的都是噪声，他们听到的都是自然音乐。

"我们工作时神经紧绷，他们一边工作一边大声唱歌。

"我们要管理用人、管理员工，他们只要管好自己。

"我们要关在房子里吹冷气，他们在树下乘凉。

"我们担心有人来偷钱，他们没什么好担心的。

"我们老是嫌菜不好，他们有东西吃就很开心。

"我们常常失眠，他们睡得好安稳。

"所以，谢谢你，爸爸。你让我知道，我们可以过得那么好。"

很多刚刚踏入社会的年轻人，无论思想还是为人处世，都有很

多不成熟的地方，却又敏感异常。他们希望事事做到完美，人人都能赞许他。但当这种想法不能实现时，他们就很轻易地陷入不如意的境地，觉得自己是全世界最倒霉的人了。

也许，你并不确切地了解自己幸运与否。没关系，这儿有一份专家们的“全球报告”，来细细地对照一下吧：

如果我们将全世界的人口压缩成一个100人的村庄，那么这个村庄将有：

57名亚洲人,21名欧洲人,14名美洲人和大洋洲人,8名非洲人；52名女人和48名男人，30名白人和70名非基督教徒，89名异性恋和11名同性恋。

6人拥有全村财富的89%，而这6人均来自美国；80人住房条件不好；70人为文盲；50人营养不良；1人正濒临死亡；1人正在出生；1人拥有电脑；1人（对，只有一人）拥有大学文凭。

如果我们从这种压缩的角度来认识世界，我们就能发现：

假如你的冰箱里有食物可吃，身上有衣可穿，有房可住，有床可睡，那么你比世界上75%的人更富有。

假如你在银行有存款，钱包里有现钞，口袋里有零钱，那么你属于世界上8%最幸运的人。

假如你父母双全没有离异，那你就是很稀有的地球人。

假如你今天早晨起床时身体健康，没有疾病，那么你比其他几千万人都幸运，他们甚至看不到下周的太阳。

假如你从未经历过战争的危险、牢狱的孤独、酷刑的折磨和饥饿的煎熬，那么你的处境比其他5亿人更好。

假如你能随便进出教堂或寺庙而没有任何被恐吓、强暴和杀害的危险，那么你比其他30亿人更有运气。

假如你读了以上的文字，说明你就不属于20亿文盲中的一员，他们每天都在为不识字而痛苦……

看吧，我们原来这么幸运。只要肯用心去面对，用心去体会，我们当下拥有的，足以幸福一生了。

学着豁达一些，在盯着他人财富的同时，也细细清点一下自己的所有，你会发觉，自己的运气其实一点都不差。

远离名利，生命才更逍遥

古今中外，为了生命的自由、潇洒，不少智者都懂得与名利保持距离。

惠子在梁国做了宰相，庄子想去见见这位好友。有人急忙报告惠子：“庄子来，是想取代您的相位。”惠子很恐慌，想阻止庄子，派人在国中搜了三日三夜。不料庄子从容而来拜见他道：“南方有只鸟，其名为凤凰，您可听说过？这凤凰展翅而起，从南海飞向北海，非梧桐不栖，非练实不食，非醴泉不饮。这时，有只猫头鹰正津津有味地吃着一只腐烂的老鼠，恰好凤凰从头顶飞过。猫头鹰急忙护住腐鼠，仰头视之道：‘吓！’现在您也想用您的梁国来吓我吗？”惠子十分羞愧。

一天，庄子正在濮水垂钓。楚王派来二位大夫前来聘请他：“吾王久闻先生贤名，欲以国事相累。”庄子持竿不顾，淡然说道：“我听说楚国有只神龟，被杀死时已三千岁了。楚王珍藏之以竹箱，覆之以锦缎，供奉在庙堂之上。请问二大夫，此龟是宁愿死后留骨而贵，还是宁愿生时在泥水中潜行曳尾呢？”二大夫道：“自然是愿活着在泥水中摇尾而行啦。”庄子说：“二位大夫请回去吧！我也愿在泥水中曳尾而行。”

庄子不慕名利，不恋权势，为自由而活，可谓洞悉幸福真谛的聪明人。

人活在世界上，无论贫穷富贵，穷达逆顺，都免不了与名利打交道。《清代皇帝秘史》记述乾隆皇帝下江南时，来到江苏镇江的金山寺，看到山脚下大江东去，百舸争流，不禁兴致大发，随口问一个老和尚："你在这里住了几十年，可知道每天来来往往多少船？"老和尚回答说："我只看到两只船。一只为名，一只为利。"一语道破天机。

淡泊名利是一种境界，追逐名利是一种贪欲。放眼古今中外，真正淡泊名利的很少，追逐名利的很多。今天的社会是五彩斑斓的大千世界，充溢着各种各样炫人耳目的名利诱惑，要做到淡泊名利确实是一件不容易的事情。

作家玛格丽特·米切尔说过："直到你失去了名誉以后，你才会知道这玩意儿有多累赘，才会知道真正的自由是什么。"盛名之下，是一颗活得很累的心，因为它只是在为别人而活着。我们常羡慕那些名人的风光，可我们是否了解他们的苦衷？其实大家都一样，希望能活出自我，能活出自我的人生才更有意义。

世间有许多诱惑：桂冠、金钱，但那都是身外之物，只有生命最美，快乐最贵。我们要想活得潇洒自在，要想过得幸福快乐，就必须做到：学会淡泊，割断权与利的联系；无官不去争，有官不去斗；位高不自傲，位低不自卑，欣然享受清心自在的美好。

这样，就会感受到生活的快乐和惬意。太看重权力地位，让一生的快乐都毁在争权夺利中，那就太不值得，也太愚蠢了。

当然，放弃荣誉并不是寻常人能够做到的，它是经历磨难、挫折后的一种心灵上的感悟，一种精神上的升华。"宠辱不惊，去留无意"说起来容易，做起来却十分困难。红尘的多姿、世界的多彩令大家怦然心动，名利皆你我所欲，又怎能不忧不惧、不喜不悲呢？

否则也不会有那么多人穷尽一生追名逐利，更不会有那么多人失魂落魄、心灰意冷了。只有做到了宠辱不惊，方能心态平和，笑看人生。

第二名同样幸福

赛场上，第一名只有一个，只有他能够享受最高荣耀，享受别人的欢呼，可是生活中，并不是只有第一名才能获得幸福。所以，赚钱没有别人多，业绩没有别人好，都用不着抱怨，只要我们的心是快乐的，谁也阻挡不了我们的幸福。

1968 年，第一位踏上月球的航天员阿姆斯特朗，以“这是我个人的一小步，却是全人类的一大步”的一番话而名留青史，成为全世界人民心目中的大英雄。

然而，当时登陆月球的，除了阿姆斯特朗之外，还有他的队友奥德伦。

当时，两人只有一步之差，结果却相差千里之遥。阿姆斯特朗以登月第一人闻名于世，奥德伦却默默无名，知道他的人可说是寥寥无几。

在庆功宴上，当人们为这项前所未有的创举感到骄傲不已时，一名记者却突然问奥德伦：“阿姆斯特朗先下了太空舱，成为登陆月球的第一人，你会不会觉得有些遗憾？”

众人纷纷把目光投向奥德伦，看他怎么接下这突如其来的问题。

此时，气氛一下子降到了冰点，连太空英雄阿姆斯特朗都显得有些尴尬，然而奥德伦却神情自若，微微一笑：“各位，千万别忘了，回到地面时，我可是最先走出太空舱的，所以，我是从别的星球回到地球的第一人。”

话音刚落，人群中响起了一阵笑声，同时也化解了尴尬的局面，热烈的掌声持续了一分钟之久。

一位思想家曾说："不要为自己所没有的东西感到苦恼，能享受自己现在所拥有的，才是最聪明的人。"

法国哲学家孟德斯鸠也说过："假如一个人只是希望幸福，这很容易达到。然而，我们总是希望比其他人幸福，这就是困难所在，因为人们通常坚信他人比自己更幸福。"

拥有幸福是一件很简单的事，但是懂得珍惜幸福，却一点儿也不简单。

我们都有一个惯性，觉得得不到的就一定是好的。可是，等到尝试过的时候，就会知道，很多我们一直向往的东西并不是最适合我们的，所以得不到的并不一定是好的。面对错过的东西，心中多一点豁达，多一点释然，往往能获得更多的快乐。

已经得不到了，即使浪费了再多抱怨的口水，也无法更改事实。所以，与其在痛苦中抱怨，不如换个心态去对待。对于豁达者而言，第二名、第三名同样幸福。其实，发生在我们身边的事情，并不是一定要分出高下，拼个你死我活。生活，需要的是一种睿智，要拿得起，还要能放得下。

第三章

不抱怨的工作

第一节
公司就是你的船

责任不容推卸

船员常常把自己看作是与船一体的，船上的一切，他都承担着一定的责任。所以，几乎每一个环节，他都会很用心地顾及和照料。在职场中，同样也有这样的人。他们富有责任感，想尽一切办法尽快地完成公司交下来的任务，并且会在公司有困难的时候主动补位，因为他知道，多做一些、多付出一些精力和时间就会收获更多，他们会在不同的岗位上让能力展现出最大的价值，同时也易获得成功。

下面故事中的乔治会用自己的亲身经历告诉你这份责任感让他收获了什么。

乔治到这家钢铁公司工作还不到一个月，就发现很多炼铁的矿石并没有得到完全充分的冶炼。如果这样下去的话，公司岂不是会有很大的损失？

于是，他找到了负责这项工作的工人，跟他说明了问题。这位工人说："如果技术有了问题，工程师一定会跟我说，现在还没有哪一位工程师向我说明这个问题，就证明现在没有问题。"乔治又找到了负责技术的工程师，对工程师说明了他看到的问题。工程师很自信地说，我们的技术是世界上一流的，不可能出现这样的问题。工程师非但不重视他说的话，还暗自认为，一个刚刚毕业的大学生，能明白多少，不过是因为想博得别人的好感而表现自己罢了。//

但是乔治认为这是个很大的问题，于是拿着没有冶炼好的矿石找到了公司负责技术的总工程师，他说：“先生，我认为这是一块没有冶炼好的矿石，您认为呢？”

总工程师看了一眼，说：“没错，年轻人，你说得对，哪里来的矿石？”

乔治说：“是我们公司的。”

“怎么会，我们公司的技术是一流的，怎么可能会有这样的问题？”总工程师很诧异。“工程师也这么说，但事实确实如此。”乔治坚持道。

“看来是出问题了。怎么没有人向我反映？”总工程师有些发火了。

总工程师召集负责技术的工程师来到车间，果然发现了一些冶炼并不充分的矿石。经过检查发现，原来是监测机器的某个零件出现了问题，才导致了冶炼的不充分。

公司的总经理知道了这件事之后，不但奖励了乔治，而且还晋升乔治为负责技术监督的工程师。总经理不无感慨地说：“我们公司并不缺少工程师，但缺少的是负责任的工程师，这么多工程师就没有一个人发现问题，甚至有人提出了问题，他们还不以为然。对于一个企业来讲，人才是重要的，但是更重要的是真正有责任感的人才。”

乔治从一个刚刚毕业的大学生成为负责技术监督的工程师，可以说实现了一个飞跃，他能获得工作之后的第一步成功就是缘于他的责任感。正如他的总经理所说的那样，公司并不缺少工程师，并不缺少能力出色的人才，但缺乏负责任的员工，从这个意义上说，乔治正是公司最需要的人才。他的责任感让他的领导者认为可以对他委以重任。

如果你的领导让你去执行某一个命令或者指示，而你发现这样做可能会大大影响公司利益，那么你一定要理直气壮地提出来，不必去想你的意见可能会让你的上司大为恼火。大胆地说出你的想法，让你的领导明白，作为员工，你不是在刻板地执行他的命令，你一直都在思考，考虑怎样做才能更好地维护公司的利益。同样，如果你有能力为公司创造更多的效益或避免不必要的损失，你也一定要付诸行动。因为，没有哪一个领导会因为员工的责任感而批评或者责难你；相反，你的领导会因为你的这种责任感而对你青睐有加。

工作中没有“不关我的事”

在工作中，没有“不关我的事”，因为工作无“疆界”，工作不分分内分外。大家一起工作的目标是一样的，只是分工不同罢了。在我们的工作过程中，仅仅做好我们的本职工作是远远不够的，因为在一个企业中，除了每个员工要各自完成的职责外，总是还有一些没有人做或者有些该做而没有做的事情，我们暂且称之为责任的空白地带，空白地带同样事关企业的存亡，老板在分配责任的时候却又容易忽视它。若在一个公司里，人人都抱着“这不是我职责范围里面的事情，我根本就不用操心”这样的想法和态度去工作，那么，公司事务之间的连贯和衔接将如何进行？公司内部的协调合作又该怎样开展？公司的共同目标又该如何得以实现？

李芬担任一家公司的部门经理，有一天晚上，公司有十分紧急的事，要发通告信给所有的营业处，所以需要抽调一些员工协助，李芬安排一个做书记员的下属去帮忙套信封时，那个职员傲慢地说：“那有碍我的身份，分外的事我不做，再说我到公司来不是做套信封工作的。”听了这话，李芬一下就愤怒了，但她仍平静地说：“既然不是你分内的事就不做，那就请你另谋高就吧！”那个员工就这样失去了工作。

在很多时候，我们也许会接受一些看上去很风光的分外之事，如陪老板出席一个商谈会，替公司接受媒体的采访等，但却对一些麻烦而卑微的分外之事置之不理。其实，这种心态是极其不正确的，一些毫不起眼的小事也同样能磨炼人，小事也同样能改变人的命运。

社会在发展，公司在扩展，个人的职责范围也会跟着扩大，所以不要总以“这不关我的事”为由推脱责任，要知道，抱着“不关我的事”这样想法的员工永远不会提高自己的工作效率，他们只会给公司带来时间以及金钱等资源的浪费，从而给公司带来巨大的损失。

李航是一家 IT 公司的销售部经理。一天，他到一家销售公司联系一款最新打印设备的销售事宜这是一款定位为大众化的新品，并且厂家即将开展大规模的广告宣传，为争取更大的市场份额，对经销商的让利幅度非常大。于是，李航决定在媒体大量宣传报道之前同一些信誉与关系都比较好的经销商敲定首批的订量。

不巧的是，同他一直保持密切业务联系的那家公司的老板不在。当他提起即将推出的新品时，一位负责接待他的员工冷冷地回绝了他。

李航没有办法，只好走了。

他来到有业务联系的第二家公司。不巧的是，这家公司的老板也不在。虽然很失望，但他还是想试一试，看能否说服接待他的人。

接待他的是一位新来不久的年轻小姐，不仅面容姣好，工作也特别热情。当得知李航是来自一家著名的 IT 公司的销售经理时，她立即表现出了一个公司员工应有的素质，马上倒了一杯水给李航，还主动介绍了自己的情况。

李航向她说明了来意，她敏锐地感觉到这是一个不错的商机，无论如何不能因为老板不在就让它白白溜走。她主动要求第二天给他们公司送货，其他具体事宜等老板回来以后再由老板定夺。

结果很清楚，第二家公司在老板不在的时候，由于那位女员工的热情接待，为公司促成了一桩生意。这款产品在整个市场上只有该公司一家经营，不到一个月就销售了近 3000 台，为老板净赚了 6 万多元。

可见，一句“不关我的事”，一次赚钱的机会就飞到了别人那里。其实，“不关我的事”这种想法不仅会给企业造成损失，同时，也会造成员工消极怠工，工作效率下降，这些都会给公司带来巨大的浪费。如果你只是从事你分内的工作，那么你将无法争取到人们对你的有利评价。

所以，作为公司里的一名职员，事关公司的事务，我们都不要以“这不是我的工作”为由，推卸责任，置身事外，应该抱着公司的事就是自己的事的积极态度，为公司的发展着想。

跟公司一起成长

沃尔玛是全美投资回报率较高的企业之一，其投资回报率为 46%，即使在 1991 年不景气时期也高达 32%。它的历史远没有美国零售业百年老店“西尔斯”那么久远。但在短短的 40 几年时间里，它就发展壮大成为全美乃至全世界最大的零售企业。当前，沃尔玛的经营哲学、管理技能已经成为全世界管理学界的热门话题，当然这也包括其成功的人力资源管理。

在沃尔玛，员工有一个著名的称谓——合伙人。一方面，沃尔玛把公司领导称为公仆，而另一方面又把员工称为合伙人，这与许多企业强调管理者的领导地位迥然不同。

为什么会这样呢？这是因为，沃尔玛非常看重员工的责任感和忠诚度，所以，公司以其对员工平等相待的态度来赢得员工对企业的忠诚。沃尔玛员工的工资在同行业不是最高的，但是员工却非常忠实于企业，他们以在沃尔玛工作为荣，把沃尔玛公司当成自己的家，因为他们在沃尔玛是合伙人。

在沃尔玛总部，一位女士因加入了公司的“利润分享计划”而感到由衷的庆幸，她名叫玛丽，是一名普通的采购员。玛丽很年轻的时候就进入沃尔玛工作，是沃尔玛的老员工。一开始，她的哥哥试图说服她辞去工作，他认为玛丽在沃尔玛以外的公司工作工资会比这里高。然而，玛丽留了下来，并成了公司“利润分享计划”中的一员。到了 1991 年，她的利润分享数字变成了 228 万美元，而她的职位也从原来的普通员工晋升为经理。玛丽很庆幸自己坚持了自己的意见，没有听哥哥的话，也更加对沃尔玛忠心耿耿，尽职尽责。现在她不仅可以拿所挣的钱供她的宝贝女儿上大学，还在沃尔玛公司这个舞台上实现了她的人生目标。

由此看来，员工和企业是一种互惠共生、共同成长、共同进步的共同体。企业上下齐心协力，员工负责任地推动企业发展，企业发展了，又带动了员工的发展，最终达到双赢的目的。

易卜生说：“青年时种下什么，老年时就收获什么。”由此我们想到的是，你在公司的土壤中种下什么，公司就会回报给你什么。如果你愿意承担成长的责任，那么你就会获得成长的权利；如果你把公司的成长当成自己的责任，那么公司自然会为你创造成长的机会；如果你以积极的热情和全心全意的努力对待公司中的种种事务，那么你的事业、你的精神就会在公司中得到最大的进步。只要你的行为和态度切实推动了公司的成长，那么公司就一定会给予你相应的回报。

所以，作为一名员工，首先要有一个企业属于自己的心态。要把公司的事当成自己的事，不管老板在不在，不管主管在不在，不管公司遇到什么样的挫折，都愿意全力以赴、积极主动地去做任何事情。这样你终究会成为自己工作的最大受益者。

感恩公司，是它给了你发展的平台

职场中，很多人都在抱怨自己的公司，觉得是公司在盘剥他们的劳动价值。其实这样的想法是错误的，公司不但没有对你的价值进行剥削，相反的，它是在为你实现自己的人生价值提供一个发展的平台。公司中的每个人，无论是老板，还是员工，都是在这个平台上履行着自己的职责，发挥着自己的作用。任何人离开了这个平台，就如同演员离开了舞台，无法施展自己的才华。

许多员工认为自己只是一个打工者，与公司只是一种雇佣与被雇佣的关系，把公司仅仅当成是一个完成工作的地方，甚至有意无意地将自己置于与老板对立的位置，这种认识和心态对于一个人的职业发展是十分不利的。

年轻人初入职场时，切记不要过分考虑薪水，而应注重工作带来的隐性报酬，抓住机会发展自己的能力，把公司当成自己生存和发展的平台。

在一个寒冷的冬日，杰克和他的伙伴们正在铁路工地上干活，突然遇见前来视察工作的老朋友韦伯斯，不同的是韦伯斯已经担任了铁路公司总裁。他们进行了愉快交谈然后热情告别。杰克的伙伴对他和总裁居然是朋友表示惊讶。杰克解释他们曾经一同为一条铁路工作。

大家更是好奇，就问杰克："为什么你现在做着和以前一样的辛苦工作，而韦伯斯却成了总裁？"杰克很沮丧地说："当年，我工作只是为了一小时不到两美元的薪水，而韦伯斯却是为了整条铁路而工作。”

职场上有很多人像杰克一样，仅仅把公司当成一个完成工作的地方，工作也只是为了自己的那份薪水，他们总会盘算：我为老板做的工作应该和他支付给我的工资一样多，只有这样才公平。这种短浅的目光不但使他们的工作充满了痛苦，也会使他们丧失前进的动力。而韦伯斯则不同，他在杰克为了一小时不到两美元的薪水而工作时，就把整条铁路当成了自己的奋斗目标，把工作看成一个自身生存和个人发展的平台，这样，原本卑微单调的工作就成了事业发展的一个契机。

公司是员工生存和发展的平台，真正优秀的员工应当把公司看成一个实现自身价值的地方，始终与老板站在同一个立场上，自觉地维护公司的利益，建设和发展公司这个平台。这样，公司越来越大，越来越好，就能为员工创造更多的机会，提供更大的发展空间。

一位著名教授有两个十分优秀的学生，对于他们而言，毕业后找份工作可谓轻而易举。当时，教授有个创办公司的朋友，委托教授为他物色一个适当的人选做助理。

教授推荐两个学生都过去看看，于是他们分别前去应聘。第一个应聘的学生叫墨菲。面谈结束几天后，他打电话给教授说：“您的朋友太苛刻了，他居然只肯给月薪600美元，我不能这样为他工作。现在我已经在另外一家公司上班，月薪是800美元。”

后来去的那位学生是约翰，尽管月薪也只有600美元，但是他欣然接受。教授得知后问他：“这么低的工资，你不觉得吃亏了吗？”

约翰说：“我当然想挣更多的钱，但我对您朋友印象十分深刻，我觉得只要能从他那里学到一些本领，薪水低一些也是值得的。从长远来看，我在那里工作将更有前途。”

很多年过去了。墨菲的薪水由当年的一年 9600 美元涨到 40000 美元，而原先年薪只有 7200 美元的约翰，现在的年薪却高达 200 万美元，还有外加的公司股权和分红。

能力锻炼远比薪水重要得多，公司的存在为你能力的提升和事业的发展提供了更多的机会。当你的能力得到老板的认可和赏识时，老板就会付给你更多的薪水。许多杰出的经理人所具有的创造能力、决策能力以及敏锐的洞察力并不是与生俱来，而是在长期的工作中学习和积累得到的。由此可见，公司不但是员工之间互相交流和协作的平台，也是员工学习和展示才华的平台，只有从这个意义上认识公司，你的职业生涯才有意义，你才能将工作视为事业发展的一个契机，而不是痛苦地工作——薪水与劳动力的交换过程。

跳槽时代，不当“背叛的水手”

跳槽是每个职场人士都必须经历的，有些人通过跳槽进入了更好的企业，获得更高的薪水，也获得了职业的提升。所以，也可以说跳槽是获得职业发展的一种手段。然而，对处于职业发展不同阶段的人来说，频繁跳槽是不可取的。虽然每个人都有权利寻求自己最合适的工作以及最佳的工作环境和工作状态，但这的确为企业的发展带来了不少的负面影响。有些人为了某些利益，不仅到竞争对手那里工作，而且带走了原公司大量有价值的资料。这不仅极大地损害了公司的利益，还伤害了公司其他员工的情感，严重地影响了其他员工正常工作的心态。

跳槽，这种高流动率，被一些管理理论家认为是忠诚度下降的一种表现。

一位人力资源部经理说：“当我看到申请人员的简历上写着一

连串的工作经历，而且是在短短的时间内，我的第一感觉就是他的工作换得太频繁了。这样频繁‘跳槽’的人，不能给人一种安全感和信任感。一个什么工作都做不长久的人，让人想到的不会是公司的问题，而是他个人的问题：第一，他的工作能力值得怀疑；第二，他对企业的忠诚度值得怀疑；第三，我不能肯定他会在我的公司做得长久。所以这样的人，我们在录用时顾虑就比较多。”频繁地换工作并不能代表一个人工作经验不丰富，也不能说明他忠诚度一定低，但是，频繁“跳槽”的确会给人一种不好的感觉。

不要小视忠诚，没有忠诚，人真的寸步难行。忠诚会让一个人得到朋友甚至敌人的尊敬，因为忠诚是人性的亮点。

卡特是一家金属冶炼厂的技术骨干，由于企业改变发展方向，他准备换一份新工作。

凭着先前企业在本行业的影响力和他自身的能力，卡特决定去全美最大的金属冶炼公司应聘。

负责面试卡特的是公司负责技术管理的副总经理，他对卡特的能力没有任何挑剔，却提出了一个让卡特失望的问题：“我们很高兴你能加入我们公司，你的资历和能力都很出色。我听说你原来的厂家正在研究一个提炼金属的新技术，而你也参与了这项技术的研发。很巧，我们公司也在研究这门新技术，你能够把你原来厂家研究的进展情况和取得的成果告诉我们吗？你知道这对我们公司意味着什么，这也是我们聘请你来我们公司的原因。”那位副总经理说。

“你的问题让我十分失望，我很理解市场竞争需要一些非常手段，但是我不能答应你的要求，因为我有责任忠诚于我的企业，尽管我已经离开了它。”

卡特身边的人都为他的回答感到惋惜，因为这家企业的影响力和实力比他原来的企业要大得多，在这里获得一份工作是无数人梦寐以求的，但卡特放弃了这个绝好的机会。

就在卡特准备寻找另一家公司时，那位副总经理给卡特来了一封信，在信中他这么说："年轻人，你被录取了，做我的助手。不仅是因为你的能力，更因为你的忠诚。"

每个公司都需要卡特这样的员工，你只有成为这样的人，才能受到公司的重用。无论在哪个公司，你都应该保守公司的机密，对公司的各种事情都不随便传播，一定要守口如瓶。

忠诚最大的受益者是你自己，从古至今，没有谁不喜欢忠诚的人。领导需要忠诚的下属，产品需要忠诚的消费者，每个人都希望有忠诚的朋友。员工忠诚于自己的公司，忠诚于自己的老板，与同事们同舟共济、共赴艰难，将获得一种集体的力量，他的人生将变得更加充实，事业也会更有成就，工作就会成为一种人生享受。其实一个人的能力中，知识只占了20%，技能占了40%，态度占了40%，而一个人最重要的工作态度之一就是忠诚。

相反，那些表里不一、言而无信的人，整天陷入尔虞我诈的复杂的人际关系中，在上下级、同事之间玩弄各种权术和阴谋，即使一时得以提升，取得一点儿成就，但终究不是一种理想的人生，最终受到损害的还是自己。

多问我能做什么，而非能得到什么

在现代职场中，许多人最关心的往往不是工作，而是薪酬的多寡和职位的高低。在他们眼中，这些是自己身价的标志，绝不能低于别人。一旦发现自己的薪酬和职位不如当初的预期，他们就会在工作中敷衍塞责、应付了事，能偷懒就偷懒，能逃避就逃避，并且振振有词地为自己开脱：“拿得多干得多，拿得少就干得少，这很公平！”这些人只知向老板和企业索取，只记得自己能够得到什么，却忘了问一下自己能做什么，能够给企业带来什么。

凯琳受聘于一家做玩具出口生意的公司，到公司上班后，她迅速地投入工作中。在几位老同事的指导下，凯琳处理起事情来让老板很满意。但两星期后，凯琳工作起来就没有刚来时那么有激情了，因为她发现，企业里她学历最高，但工资却是最低的，她感觉很不平衡。老板发现凯琳的情绪低落，马上找她谈话，告诉她只要工作做得好，公司绝对不会亏待她。谈话时，凯琳没说什么。但第二天凯琳找到老板，要求老板要么提高她的月薪，要么就当月给她拿提成。而老板认为，凯琳的薪酬是他们经过测算的，不是随便给的，而且凯琳是新人，刚进公司，好多地方需要老员工指导，在凯琳没给企业创造出效益之前，不能提高薪酬。

老板将相关道理和凯琳讲了，凯琳当时表示理解。但凯琳并没因此努力工作，她每天除完成其部门经理分派的任务外，其他什么事情也不做，就坐在那里发短信。一个月之后，老板便将她解雇了。

在一个聪明的员工看来，先问付出，再问回报才是正确的顺序，否则所付出的对不起所拿的薪酬与职位，自己在这个职位上也是干不长久的。员工光盯着自己的薪酬和职位，往往会被短期利益蒙蔽了心智，使自己看不清未来的发展道路。我们要知道，老板是根据我们做了什么才决定给我们发多少工资的，而不是我们看老板给了我们多少工资，才决定自己要做什么。美国的肯尼迪总统说：“不要问国家为你做了什么，要问你为国家做了什么。”同样，面对手头的工作，我们也应该不时地问一下自己：你的贡献是什么？

汤姆在一家广告公司工作了一年，由于不满意自己的工作，他愤愤地对朋友说：“我在公司里的工资是最低的，老板也不把我放在眼里，如果再这样下去，总有一天我要跟他拍桌子，然后辞职不干。”

“你对那家广告公司的业务都清楚吗？对于公司运营的窍门完全弄懂了吗？”他的朋友问道。

“没有！”

“大丈夫能屈能伸。我建议你先冷静下来，认认真真地对待工作，好好地把他们的一切经营技巧、商业文书和公司组织完全搞通，再一走了之，这样做岂不是既出了气，又有许多收获吗？”

汤姆听从了朋友的建议，一改往日的散漫习惯，开始认认真真地工作起来，甚至下班之后还留在办公室研究商业文书的写法。

一年之后，那位朋友又遇到他。

“你现在大概都学会了，可以准备拍桌子不干了吧？”

“可是我发现近半年来，老板对我刮目相看，最近更是委以重任，又升职又加薪，说实话，现在我已经成为公司的红人了！”

“这是我早就料到的！”他的朋友笑着说，“当初你的老板不重视你，是因为你工作不认真，又不肯努力学习，没问自己能做什么，却总想着自己能够得到什么。你痛下苦功，能力增强了，也给公司带来了效益，当然会令老板刮目相看了。”

我们中的许多人不也像起初的汤姆吗？因为薪酬不高而满腹牢骚，却忘了先问自己能够做什么、给企业带来了什么。一名感恩的员工则恰恰相反，他知道他已经从工作中获益良多，需要尽最大的努力来回报老板的知遇之恩和企业的培养之恩。一个懂得付出的人，自然也会收获更大的成功，这本来就是一个良性循环。

第二节
抱怨工作不如热爱工作

“庸马”和“驽马”在抱怨

有一天，佛陀坐在金刚座上，开示弟子们道：

“世间有四种马：第一种良马，主人为它配上马鞍，驾上辔头，它能够日行千里，快速如流星。尤其可贵的是当主人一抬起手中的鞭子，它一见到鞭影，便能够知道主人的心意，迅速缓急，前进后退，都能够揣度得恰到好处，不差毫厘，这是能够明察秋毫、洞察先机的第一等良驹。

“第二种好马，当主人的鞭子打下来的时候，它看到鞭影不能马上警觉，但是等鞭子打到了马尾的毛端，它也能领受到主人的意思，奔跃飞腾，这是反应灵敏、矫健善走的好马。

“第三种庸马，不管主人几度扬起皮鞭，见到鞭影，它不但迟钝毫无反应，甚至皮鞭如雨点般挥打在皮毛上，它都无动于衷。等到主人动了怒气，鞭棍交加打在结实的肉躯上，它才能有所察觉，顺着主人的命令奔跑，这是后知后觉的庸马。

“第四种驽马，主人扬起了鞭子，它视若无睹；鞭棍抽打在皮肉上，它也毫无知觉；等到主人盛怒了，双腿夹紧马鞍两侧的铁锥，霎时痛刺骨髓，皮肉溃烂，它才如梦初醒，放足狂奔，这是愚劣无知、冥顽不化的驽马。”

庸马和驽马是职场中许多平庸员工的生存写照。他们总是抱怨老板对他们太苛刻，工资太低，抱怨公司没有为他们提供更好的舞台，没有给他们施展才华的机会。

职场中，数不清的庸马和驽马正在拼命地为自己的失败寻找借口，造成了职场人生的萎靡与黯然。相比之下，“良马”式员工从不会寻找理由为自己的行为开脱，更不会去抱怨自己的处境与外在的人与事。他们任何时候都坚守着自己的信念，让自己朝着卓越奋进！下面故事中讲到的布莱克，就是“良马”式人物的典范。

罗杰·布莱克，一位体育界的成功人士，他曾获奥林匹克运动会400米银牌和世界锦标赛400米接力赛的金牌，可他的出色和优秀并不仅仅是因为他令人瞩目的竞技成绩。更让人为之动容的是，他所有的成绩是在他患心脏病的情况下取得的，他没有把患病当作自己的借口。

除了家人、医生和几个亲密的朋友，没有人知道他的病情，他也没向外界公布任何消息。在第一次获得银牌之后，他对自己并不满意，倘若他如实地告诉人们他的身体状况，即使他在运动生涯中半途而废，也同样会获得人们的理解与体谅，可罗杰并没有这样做，他说：“我不想小题大做地强调我的疾病，即使我失败了，也不想以此为借口。”

通过这个故事，我们可以发现，真正优秀的人从来不去抱怨环境给予了自己什么，也不会为了自己的失败找寻任何借口。他们只会勇敢地面对生活，即使面临委屈的处境，也不会觉得难过。可是，在职场中，很多人却一直在为自己找寻借口。这样的人，注定了只能做“庸马”和“驽马”，而不会走向成功。

带着怨气不如带着快乐工作

旋！旋！旋！满满一车的螺丝钉都要旋出来！对于刚做旋车工

的萨姆尔来说，他似乎觉得自己的一生都要消磨在旋钉子这件琐事上了。他满腹牢骚，老想着自己干什么别的不好，偏偏一定要来这旋钉子呢？就算他把这一大堆的螺丝钉都旋完了，过一会儿马上又会有另一车堆在原来的地方，然后，自己又得不停地旋啊！旋啊！这一切多么可怕呀！

在第二架旋车上的旋车工荷维德听了萨姆尔的埋怨，也很郁闷地叹了口气，以表同情。他和萨姆尔一样，也很讨厌这份工作。

有什么办法呢？难道去找工头说：以自己的能力，做这种简单的体力活简直就是大材小用，因此，我希望得到另外一份更好的工作？但是，可以想象得到工头听到这些话时的轻蔑神情。要么，干脆就辞职不干了，另外再去找一份工作？这可是他费了九牛二虎之力才找到的一份工作啊！萨姆尔是绝对不能轻易辞掉的。

难道就没有别的办法来改变这种讨厌的工作吗？办法总归会有的，关键在于你肯不肯动脑子去思考。当萨姆尔想到这一点时，他立刻想出一个很聪明的方法，可以使这种单调乏味的工作变成一件很有趣味的事——他要把它变成一种游戏。他转过头来对他的同伴说：“让我们来比赛比赛吧，荷维德。你在你的旋机上磨钉子，把外面一层粗糙的东西磨下来。然后，我再把它们旋成一定的尺寸。我们比一比，看谁做得快。过一会儿如果你磨钉子磨烦了，我们再换着做。”

荷维德同意了他的建议，于是，他们俩之间的比赛马上就开始了。这样一来，果不其然，工作起来并不像以前那么烦闷了，而且工作效率还比以前提高了。不久，工头便给他们调换了一个较好的工作。

这位聪明的年轻人萨姆尔就是后来鲍耳文火车制造厂的厂长。

萨姆尔并不是咬紧他的牙齿，好像受酷刑一样去从事自己所痛恨的工作，而是把工作变成了一种游戏，使自己做起来饶有趣味。后来他说："如果你不能在你所从事的工作中闯一条路出来，你就应该换一个工作试一试。"

这是一个很好的忠告，秘诀便在寻求的方法上，不要一味地埋怨和厌烦，而是要通过一种更好的方法去做到这一点。

钢铁大王安德鲁·卡内基曾说过："如果一个人不能在他的工作中找出点'罗曼蒂克'来，这不能怪罪于工作本身，而只能归咎于做这项工作的人。"

成功学大师卡耐基之所以能够取得巨大成功，主要原因就在于他既知道享受生活中的快乐，又能以工作为乐。

决定将来的工作是一种快乐还是一种折磨，多半取决于你对工作的态度，而不在于工作本身。如果你能将你事业的第一块基石安放在有价值的生活根基上，你就可以使工作成为一种享受。

一个人的降生，便是表示他在自然界中最大的游戏——生活的游戏中被选为选手之一。如果你能让自己主动加入这一伟大的游戏中，你所体验到的震惊该会是相当巨大的！每一个黎明便是一个新的召唤，每一次跌倒后的爬起来都是一个新的起点。

你昨天失败过，那又有什么关系，今天新升的太阳又会给你带来一个崭新的机会，让你好好重新开始。如果你能将每天的生活视为一种去克服暂时的困难的机会，你每天得胜的机会便比前一天多。每天早晨，当你睁开双眼的时候，你便可以看到新的机会、新的得胜的可能、新的可得的奖品、新的可学的规则以及新的竞争者。

尽情地享受生活还是以生活为苦役，这一切都要看你自己的选择。

对于你所从事的工作，应当抱有一种积极乐观的态度，这样，你才可以做得更好。只有比别人做得更好，你才能脱颖而出。如果你能尽自己最大的努力去做自己的工作，不错过每一个机会，这样一直坚持不懈地努力下去，胜利总会在某个地方拥抱你的。

你的工作就是你的事业

拿破仑说过：“不想当将军的士兵不是好士兵。”同样，在老板看来，不想当老板的职员也不会是好职员。老板喜欢和自己一样对待工作的职员，喜欢敬业负责，把每一份工作都当成自己的事业来对待的职员。这样的员工不仅是老板事业上的合伙人，而且也是工作中追求卓越，不断超越老板期望，忠诚敬业，最具领导潜质的员工。

彼得和杰克同在一个车间里工作，每当下班的铃声响起，杰克总是第一个换上衣服，冲出厂房；而彼得总是最后一个离开，他十分仔细地做完自己的工作，并且在车间里走一圈，确信没有问题后才关上大门。

有一天，杰克和彼得在酒吧里喝酒，杰克对彼得说：“你让我们感到很难堪。”

“为什么？”彼得有些疑惑不解。

“你让老板认为我们不够努力。”杰克停顿了一下又说：“要知道，我们不过是在为别人工作。”

“是的，我们是在为老板工作，但更是为自己的梦想而工作。”彼得的回答十分肯定有力。在彼得看来，自己在为他人工作的同时，也是在为自己工作——不仅为自己赚到养家糊口的薪水，还为自己积累了工作经验，工作带给他的是远远超出薪水的东西。

从某种意义上来说，工作真正是为了自己，工作是属于自己的一份事业。

15 岁那年，齐瓦格家中一贫如洗，只受过短暂学校教育的他到了一个山村做了马夫。然而齐瓦格并没有自暴自弃，他无时无刻不在寻找着发展的机遇。三年后，齐瓦格来到钢铁大王卡内基下属的一个建筑工地打工。一踏进建筑工地，齐瓦格就抱定了要做同事中最优秀的人的决心。当其他人在抱怨工作辛苦、薪水低而怠工的时候，齐瓦格却默默地积累着工作经验，并自学建筑知识。

一天晚上，同伴们在闲聊，唯独齐瓦格躲在角落里看书。那天恰巧公司经理到工地检查工作，经理看了看齐瓦格手中的书，又翻开他的笔记本，什么也没说就走了。第二天，公司经理把齐瓦格叫到办公室，问："你学那些东西干什么？"齐瓦格说："我想我们公司并不缺少打工者，缺少的是既有工作经验，又有专业知识的技术人员或管理者，对吗？"经理点了点头。

不久，齐瓦格就被升为技师。打工者中，有些人讽刺挖苦齐瓦格，他回答说："我不光是在为老板打工，更不单纯为了赚钱，我是在为自己的梦想打工，为自己的远大前途打工。我们只能在业绩中提升自己。我要使自己工作所产生的价值，远远超过所得的薪水，只有这样我才能得到重用，才能获得机遇！"抱着这样的信念，齐瓦格一步步升到了总工程师的职位上。25岁那年，齐瓦格又做了这家建筑公司的总经理。

卡内基的钢铁公司有一个天才的工程师兼合伙人琼斯，他在筹建公司最大的布拉德钢铁厂时，发现了齐瓦格超人的工作热情和管理才能。当时身为总经理的齐瓦格，每天都最早来到建筑工地。当琼斯问齐瓦格为什么总来这么早的时候，他回答说："只有这样，如有什么急事，才不至于耽搁。"工厂建好后，琼斯推荐齐瓦格做了自己的副手，主管全厂事务。两年后，琼斯在一次事故中丧生，齐瓦格便接任了厂长一职。因为齐瓦格的卓越管理艺术及认真的工作态度，布拉德钢铁厂成了卡内基钢铁公司的灵魂。几年后，齐瓦格被卡内基任命为钢铁公司的董事长。

当然，我们讲这个故事，并不是说只要努力，你就一定能够成为老板，而是说我们应当学习齐瓦格这种把工作当成自己的事业来对待的敬业精神和事业心。事实上，如果你能够以对待事业的态度来对待工作中的每一件事，并把它们当成使命，你就能发掘出自己特有的能力，即使是烦闷、枯燥的工作，你也能从中感受到价值，在完成使命的同时，你的工作也会真正变成一项事业。

是你需要工作，而不是工作需要你

清水原来是一名橡胶厂工人，后来转行做了邮差。在最初的日子里，他没有尝到多少工作的乐趣和甜头，于是在做满了一年以后，便心生厌倦和退意。这天，他看到自己的自行车信袋里只剩下一封信还没有送出去时，他便想：把这最后的一封信送完，就马上去递交辞呈。

然而这封信由于被雨水打湿，地址模糊不清，清水花费了好几个小时的时间，还是没有把信送到收信人的手中。由于这将是他邮差生涯送出的最后一封信，所以清水发誓无论如何也要把这封信送到收信人的手中。他耐心地穿越大街小巷，东打听西询问，好不容易才在黄昏的时候把信送到了目的地。原来这是一封录取通知书，被录取的年轻人已经焦急地等待好多天了。当年轻人终于拿到通知书的那一刻，他激动地和父母拥抱在了一起。

看到这感人的一幕，清水深深地体会到了邮差这份工作的意义所在。“即使是简单的几行字，也可能给收信人带来莫大的安慰和喜悦。这是多么有意义的一份工作啊！我怎么能够辞职呢？”

在这以后，清水更多地体会到了工作的意义和自己肩负的使命感，他不再觉得乏味与厌倦，他深深地领悟了职业的价值和尊严。这样他一干就是25年。从30岁当邮差到55岁，清水创下了25年全勤的空前纪录。他在得到人们普遍尊重的同时，也于1963年得到了日本天皇的召见和嘉奖。

可见，使命感是一个人积极工作的内在动力。找到了心中的使命感，明白了工作的意义，你就会充满激情地投入到自己的工作中去。

下文中的费兰德这样做了，他获得了成功。

30年前的费兰德是一个还不到13岁的少年，但谁会想到，这个孩子竟会把自己的人生目标不可思议地定在纽约大都会街区铁路公司总裁的位置上。

为了实现这个目标，费兰德从13岁开始就与一伙人一起为城市运送冰块。虽然没有上过几天学，但他总是利用一切闲暇时间学习知识来充实自己，并且想尽办法向铁路工作靠拢。

18岁那年，经朋友介绍，他进入了铁路行业，在长岛铁路公司的夜行货车上当一名装卸工，他觉得这是一个难得的机遇。尽管每天的工作又脏又累，但他始终保持着一份快乐的学习心态，因此受到上司的赏识，被安排到铁路上，开始了检查铁轨和路基的工作。虽然每天只能赚1美元，但费兰德觉得他已经在向铁路公司总裁的职位迈进了。

随后，他又被调到铁路扳道工的岗位上。在这里，他仍一如既往地勤奋工作，并利用空闲时间帮主管们做一些力所能及的工作，他认为这样可以学到一些更有价值的东西。

后来，他回忆说："记不清有多少次，我不得不工作到午夜，才能统计出各种关于火车的赢利与支出、发动机耗量与运转情况等相关数据。但也正是通过这些工作，我迅速地掌握了铁路各个部门具体运作情况的第一手资料。通过这种途径，我对这一行业所有部门的情况了如指掌。”

尽管在以后的工作生涯中，费兰德一直在不停地调换工作部门，但无论做什么工作，他都没有忘记自己的目标和使命，不断地补充自己的铁路知识。很快，大家都知道他是一个雄心勃勃的年轻人。现在，费兰德已是公司的总裁，他依旧废寝忘食地工作。他每天负责指挥运送100万乘客，迄今为止也没有发生过重大的交通事故。

弗兰德的成功向我们证明：对于一个具有强烈使命感的员工而言，没有什么是不能改变的，也没有什么是不能实现的。

工作是一个价值体现的机会，应该是一种幸福的差事，我们有什么理由把它当作苦役呢？有些人抱怨工作本身太枯燥，然而，问题往往不是出在工作上，而是出在这些人身上。

如果你能够在工作中发现自己的使命，并努力从工作中发掘自身的价值，你就会发现工作是一件非做不可的乐事，而不是一种惹人烦恼的苦役。

任何时候，都要记住：是你需要工作，而不是工作需要你。带着这样的思想去工作，你才能成为真正敬业的员工。

蔑视工作就是否定自己

很多人都觉得自己的工作不如意，不足以让自己发挥出最大的人生价值。其实你现在的工作就是你发挥的平台，也是你实现自我价值的最佳选择。你的工作就是你的事业，是你的身份的代言人。如果不能认真努力地对待你的工作，那么你也不能很好地做自己，也不会得到别人的认可。

让·菲利普在底特律一家家电企业工作。

在他刚刚开始工作时，他只是这家企业下设的一个电器商店的普通店员。菲利普每天的工作是清扫店铺，并协助销售员搬运货物，将顾客选好的货物送到指定的地方。

菲利普努力工作了10年，在这10年里，菲利普为家用电器销售业做出了非常出色的贡献，他们的连锁店以每年1到2家的速度递增着。在连锁店开到第20家时，尽管他是这个集团的核心指挥，尽管他一直被委以重任，但他的想法却发生了转变。

菲利普回想自己全力工作的10年，他一直以工作为他的生命核心，他每天从早忙到晚，工作总是占据着他所有的时间，还有数不清的应酬——虽然他乐于交际，但这么长时间过去了，他终于开始厌倦自己的工作，他对自己说：

“我实在厌倦了商场中的利害关系，也感到了疲倦。所以我应该辞掉工作，到一个风景秀丽的小岛上，过悠闲愉快的生活。”

让·菲利普经过认真考虑，做出了决定。虽然所有人都反对他的决定，并尽力挽留他，但他还是辞掉了自己的工作，带着多年的积蓄，来到南方一个迷人的小岛上，打算在此长期生活下去。10天过去了，他却无法找到初来这里时的欣喜。因为没有任何事情可做，他闲得发慌。最后，他得出了这样的结论：以前他总是勾画在南方生活的蓝图，那只不过是对现实的逃避，也是放松自己的需要，那并不是自己最真实的需要。当这种因为疲倦而产生的向往一旦满足，他就无法再从中体会满足感与幸福感。

而与逃避现实的想法相比，直面现实，在现实中创造生命的价值，实现自己真正的愿望，才能给予自己真正的幸福与满足。

可见，人只有在工作中才能实现自己的价值。

美国第二代移民安松尼·阿司特，年轻时曾在纽约街上，靠着帮行人擦皮鞋为生。那时候，还不会说流利英文的他，擦鞋功夫既高明又迅速，他虽然一贫如洗，却以他的工作为荣。

即使三餐不继，他也不以贫穷为苦，虽然个性内向羞怯，有时不免自怨自艾，然而从未听到他怨天尤人。

以擦鞋工作为荣的他，凭着无比的毅力，奇迹般地以鞋油开创了自己的事业，至今他所出品的“克丽斯汀”牌鞋油，仍然畅销全球。

即使是一个平凡的岗位，也可以做出骄人的成绩，所以不要蔑视自己的工作，蔑视工作也就等于否定了自己的劳动和自己的人生价值。

不只为薪水工作，成长比成功更重要

某公司有一位员工，已经工作了10年，薪水却不见涨。有一天，他终于忍不住内心的不平，当面向老板诉苦。老板说：“你虽然在公司待了10年，但你的工作经验却不到1年，能力也只是新手的水平。”

这名可怜的员工在他最宝贵的10年青春中，除了得到10年的新员工工资外，其他一无所获。

也许，老板对这名员工的判断有失公允，但我相信，在当今这个日益开放的年代，这名员工能够忍受10年的低薪和持续的内心郁闷而没有跳槽到其他公司，足以说明他的能力的确没有得到其他公司的认可，换句话说，他的现任老板对他的评价基本上是客观的。

这就是只为薪水而工作的结果！

在一个人的事业发展过程中，能力比金钱重要万倍。

许多成功人士的一生跌宕起伏，有攀上顶峰的兴奋，也有坠落谷底的失意，但最终都能重返事业的巅峰，俯瞰人生。原因何在？是因为有一种东西永远伴随着他们，那就是能力。他们所拥有的能力，无论是创造能力、决策能力还是敏锐的洞察力，绝非一开始就拥有，也不是一蹴而就，而是在长期工作和学习中积累得到的。

一位纽约的百万富翁在回顾自己的成功历程时说，当年，他在一家百货公司的薪水最初只有每周7.5美元，后来一下子就涨到了每年10000美元，而这之间竟然没有任何的过渡，没过多久，他还成为这家百货公司的合伙人。

刚去公司的时候，他和公司签订了五年的工作合约，约定这五年内薪水保持不变。但他暗下决心：决不满足于这每周7.5美元的低微薪水，决不能就此不思进取。他一定要让老板知道，他决不比公司中的任何一个人逊色，他是最优秀的人。

他卓越的工作能力很快引起了周围人的注意。三年之后，他已经如鱼得水、游刃有余，以至于另一家公司愿意以3000美元的年薪，聘用他为海外采购员。但他并没有向老板们提及此事，在五年的期限结束之前，他甚至从未向他们暗示过要终止工作协定。也许有很多人会说，不接受如此优厚的条件，他实在是太愚蠢了。但是，在五年的合同到期之后，他所在的公司给予了他每年10000美元的高薪。老板们都很清楚，这五年来他所付出的劳动要比他所领的薪水高出数倍，理所当然，他成为一个获利者。

假如他当时对自己说："每周7.5美元，他们只给我这么多，既然我只领着每周7.5美元，那么我何必去考虑每周50美元的业绩呢！"如果那样，你说结局会怎样？实际上，这些话正是当下很多年轻人的想法，他们一边以玩世不恭的态度对待工作，对公司报以冷嘲热讽，频繁跳槽，蔑视敬业精神，消极懒惰，一边却怨天尤人，埋怨自己怀才不遇、生不逢时。因为老板所付不多就敷衍自己的工作，正是这种想法和做法，令成千上万的年轻人与成功绝缘。

对于一个雇员来说，还有比薪水更重要的东西，那就是工作后面的机会、工作后面的学习环境和工作后面的成长过程。工作固然也是为了生计，但比生计更重要的是品格的塑造和能力的提高。如果一个人的工作仅是为了工资的话，那么，我们可以肯定，他注定是一个平庸的人，无法走出平庸的生活模式。

让工作成为愉快的旅程

美国一家著名橡胶公司的董事会主席威尔罗格斯指出，工作应当有趣。他说："为了获得成功，你必须知道你正在做的事，喜欢你正在做的事，并相信你正在做的事。"

毋庸讳言，许多工作是重复性的，缺乏创新，没有刺激，因而很容易让人感觉单调与乏味。一个优秀的员工必须善于培养对工作的兴趣，使工作成为愉快的旅程。

大部分人都存在这样一个问题，就是对工作过分挑剔，一直在寻找完美的工作或雇主，可是并不自知他们不是完美的员工。许多人过分强调公司应当提供优厚的福利，对于已经有工作且做得相当好的人而言，这个要求并不为过；而对于没有工作的人，如果一开始便如此要求，似乎野心过大。

兴趣是保持工作激情的源源不断的动力，也是获得成功的重要条件。没有兴趣的工作即使勉强坚持下去，过不了多久也会丧失耐心与信心，最后只能半途而废，前功尽弃。

许多员工之所以不够勤奋，最重要的原因就是他们对自己的工作没有兴趣，很多人对工作抱着完全消极的态度，如果再加上缺乏明确的职业发展规划，其工作的状态自然可想而知了。

积极的态度有积极的结果，这是因为态度有感染力，这种态度就是热情与兴趣。阿尔伯特·巴德曾说："没有一件伟大的事情不是由热情促成的。”好的传教士与伟大的传教士、好的母亲与伟大的母亲、好的演说家与伟大的演说家、好的推销员与伟大的推销员之间的最大差别，就在于热情与兴趣。

拉斯维加斯有一间娱乐赌场，大到可以容纳两个足球场。在这个巨型建筑中有好几百种设施，用来玩金钱的得失游戏，可是里面却看不到一个时钟。道理很简单，人们赌博的理由很多，但主要是在享受赌博。他们全神贯注在赌博上，全然忘记了时间。

赌场老板显然也不想让时钟来提醒赌徒们。结果，许多人一赌下来就是好几个小时。在一般情况下，他们会赌到一文不剩或困得睡在桌上为止。

一个人如果在事业上也这样全神贯注的话，一定会大有成就，而且还能满足他们的事业心，所有这些都不是赌桌上所能得到的。

研究表明，能力的提高可以通过学习来实现，兴趣与热情则可以有意识地培养。比如：

1. 保持乐观积极的心态。

你不得不承认，心态的影响是如此之大，良好的心态无疑可使我们更加积极地面对挫折与失败，尽管客观地看，心态于事物的发展并没有直接的助益。

2. 用成就感激励自己。

尽管人们一直强调过程的意义，但是，与令人兴奋的结果比较起来，过程往往是平淡的、乏味的甚至痛苦的。因此，在每一次取得成果时，要学会欣赏自己的成就，然后将过程演化为一个值得回味的经历，以激励自己继续前行。

3. 努力寻找工作中的乐趣。

即使再乏味的工作，只要用心体验，也可以发现其中的乐趣。有一个每天上班乘坐拥挤的公交车的人，一度把公交车上的噪音当作音乐听，虽然有点儿阿 Q 的自我解嘲意味，但就其效果而言，不失为一种缓解情绪的方法，对待工作也是如此。

4. 兴趣只有在深入了解工作特点之后才会产生。

对问题的一知半解很容易使我们陷入困惑之中，只有对问题深入研究和了解之后才会产生兴趣。对一些人来说，数学是一门比较枯燥的学科，不过是数字、符号堆砌起来的恼人的魔术而已。但对真正了解它的人而言，数学则是一门艺术，是世界上最完美、最严谨的艺术。这就是泛泛了解与深入研究的区别。

当你开始喜欢你的工作时，工作将成为增添生命味道的食盐。你必须爱它，它才能给予你最大的恩惠并使你获得最大的成果。

记住这样一句话：当你喜欢工作时，它会使你的生命甜美，有目标，有收益。

学会必要的忍耐

美国第三任总统杰弗逊在给子孙的告诫中有一条是：“当你气恼时，先数到 10 后再说话；假如怒火中烧，那就数到 100。”

生活中，在遇到一些不顺心和不如意的事情时，我们的情绪往往会被超常激发起来，陷入激动、委屈、不安等精神状态中。此时最容易被情绪操纵，不顾理智做出鲁莽之事。“忍一时风平浪静，退一步海阔天空”，在这个时候，务必要记住“忍耐”二字。强制自己把心情平静下来，认真选择利最大、弊最小的做法，以求达到在当时可能取得的最好效果。

每个人从出生就面临来自方方面面的竞争和挫折。一个人的成功不仅需要不断提高自己的能力，而且需要经受自己在前进道路上的成功与失败的各种考验，需要具备良好的心理素质。由于我们每个人自身的缺点，由于社会还存在着一些阴暗面，还存在着一些人不那么光明正大，因此失败在所难免，有时甚至还不得不忍受“飞来横祸”。在这种情况下，有时须要进行必要的斗争，但是，更多的时候需要的是忍耐。在自己遭到失败的时候，当然希望周围的人同情自己、帮助自己，但是更为重要的是，忍耐住失败的痛苦，学会擦净自己伤口的鲜血，并走出痛苦，走向新的生活。要忍耐，以争取自己超越困难，同时，要灵活一些，争取更好的环境，努力奋斗，走向辉煌。

作为命运的主宰者——人，我们应该学会忍耐，因为它常会让我们有意想不到的收获。人在现实中生活，犹如驾一叶扁舟在大海中航行，巨浪和旋涡就潜伏在你的周围，可能会随时袭击你，因此，你要当个好舵手，同时还得具有克服艰难的毅力和勇气，设法绕过旋涡，乘风破浪前进。换言之，忍耐也是面对磨难的一种手法，以不变应万变；忍耐更是一种力量，它能磨钝利刃的锋芒。但忍耐不是软弱，不是退却，也不是背叛，而是以退为进的策略，是求同存异，是寻找合作。

对俞敏洪的创业经历，《中国青年报》记者卢跃刚在《东方马车——从北大到新东方的传奇》一文中，有详细记录。其中令人印象尤深的是对俞敏洪一次醉酒经历的描述，看了令人不禁想落泪。

俞敏洪那次醉酒，缘起于新东方的一位员工贴招生广告时被竞争对手用刀子捅伤。俞敏洪意识到自己在社会上混，应该结识几个警察，但又没有这样的门道。最后通过报案时仅有一面之缘的那个警察，将刑警大队的一个政委约出来“坐一坐”。卢跃刚是这样描述的：

他兜里揣了3000块钱，走进香港美食城。在中关村十几年，他第一次走进这么好的饭店。他在这种场面交流上有问题，一是他那口江阴普通话，别别扭扭，跟北京警察对不上牙口；二是找不着话说。为了掩盖自己内心的尴尬和恐惧，劝别人喝，自己先喝。不会说话，只会喝酒。因为不从容，光喝酒不吃菜，喝着喝着，俞敏洪失去了知觉，钻到桌子底下去了。老师和警察把他送到医院，抢救了两个半小时才活过来。医生说，换一般人，喝成这样，回不来了。俞敏洪喝了一瓶半的高度五粮液，差点儿喝死。

他醒过来喊的第一句话是："我不干了！"学校的人背他回家的路上，一个多小时，他一边哭，一边撕心裂肺地喊着："我不干了！再也不干了！把学校关了！把学校关了！我不干了……"

他说："那时，我感到特别痛苦，特别无助，四面漏风的破办公室，没有生源，没有老师，没有能力应付社会上的事情，同学都在国外，自己正在干着一个没有希望的事业……"

他不停地喊，喊得周围的人发憷。

哭够了，喊累了，睡着了，睡醒了，酒醒了，晚上 7 点还有课，他又像往常一样，背上书包上课去了。

实际上，酒醉了很难受，但相对还好对付，然而精神上的痛苦就不那么容易忍受了。当年"戊戌六君子"谭嗣同变法失败以后，被押到菜市口去砍头的前一夜，说自己乃"明知不可为而为之"，有几个人能体会其中深沉的痛苦？醉了、哭了、喊了、不干了……可是第二天醒来仍旧要硬着头皮接着干，仍旧要硬着头皮挟起皮包给学生上课去，眼角的泪痕可以不干，该干的事却不能不干。拿"观察家"卢跃刚的话说："不办学校，干吗去？"

现在大家都知道俞敏洪是富翁，但又有谁知道俞敏洪这样一类创业者是怎样成为千万富翁、亿万富翁的呢？他们在成为千万富翁、亿万富翁的道路上，付出了怎样的代价，付出了怎样的努力，忍受了多少别人不能够忍受的屈辱、憋闷、痛苦，有多少人愿意付出与他们一样的代价，获取与他们今天一样的财富？

当你不愿让命运来主宰你的一切，但又没有反击命运的能力时，切记，应学会忍耐！

儒家与道家都强调忍耐的重要，只有忍到最后一刻才会发生意想不到的变化，才有希望看到转机。或许你仍在向往一帆风顺，却在面对曲折的人生。其实所谓的一帆风顺只是对自己心灵的一种安慰而已，坚信唯有奋斗不息才能成为命运的主人。而在这一步步的努力中，你必须学会忍耐！

忍耐是沉默，功亏一篑是因为不懂得忍耐的真正含义，而坚忍不拔地追求并排除万难有所超越才是忍耐的外延。

实际上，忍耐是一种酝酿胜利的高超手段。忍耐实际上是一种动态的平衡，是一种形式的转换，不要被利益所陶醉，也不要因没有利益而悲伤。忍耐可以帮助我们摆脱烦恼，获得人生的真谛。

非洲的一位总统问一位友人做总统有什么好经验，这位友人就说了一句话："忍耐。"忍耐不是目的，是策略，是胜敌的关键所在，但一般人做不到。"小不忍则乱大谋"这句话很正确。三国演义中诸葛亮三气周瑜，愣是活活把周瑜气死了。如果周瑜学会忍耐，哪会有这样的结果呢！

我们有时候不妨学一学鸵鸟，逆来顺受。但是，这不是叫大家颓废，只是让大家学会忍让，为将来的爆发，也就是成功创造条件，同时它也可以为你提供丰富的经验。日常生活中，每一个人总会遇到他人的一些伤害，无缘由的中伤、诽谤……

平白无故的是非给我们带来身心伤害。类似的事件大家也许经历过，也可能以后的日子会遇到。在这种时候，大家应泰然处之，将忍耐进行到底，终有一天所有的错误都将改正。平和的心态不只是给我们自己带来了宁静，也给予他人更多！

百忍成钢，人生就像一个磨刀的过程，忍耐好比磨刀石。当心性修炼得清澈如镜，达到这种不以物喜，不以己悲的境界时，那就是我们历经千锤百炼的刀已炼成。

工作中的折磨使你不断超越自我

一个人不但要接受他所希望发生的事情，而且还要学会接受他所不希望发生的事情。要适应现实，接受任何不可改变的事实，心平气和，以平常心面对周围所发生的一切，而不是唉声叹气，自寻烦恼，更不要企求社会来适应你，奢望世界为你一人而改变，这是不可能实现的空想。在困难面前，如果你能承受折磨，你将会赢得长足发展；如果你不能忍受，那么等待你的也许就是被社会淘汰。

上海某高校计算机系一男生，毕业后如愿进了一个颇有名气的软件开发公司，本以为可以用上往日在学校里学习积累起来的编程技术，在公司一展身手，出人头地。可没想到就在他工作 3 个月后，上司竟突然让他负责计算机病毒的防治工作，这与他在学校里所关注和学习的内容有很大的差别。开始，他不禁产生了消极情绪，怎么办呢？经过沉思后，他想通了，只有面对现实，于是又拿起了病毒方面的书籍，开始学习新的知识来适应现在的环境。渐渐地，他竟然喜欢上了反病毒这个行业，而且很快就开发了一个全新的反病毒软件，给公司带来了可观的收入。

当我们面对不如意的事情时，当我们面对现实和理想的冲突时，唯有面对现实，适应现实，克服困难，奋发图强，才能成为一个勇往直前的成功者。

如果我们没能学会面对、适应现实，而是逃避现实的话，我们将因经不起考验而被现实所淘汰，成功也将与我们擦肩而过。

一位年轻人毕业后被分配到北京某研究所，终日做些整理资料的工作，时间一久，觉得这样的工作索然寡味。恰好机会来了，一个海上油田钻井队来他们研究所要人，到海上工作是他从小就有的梦想。领导也觉得他这样的专业人才待在研究所光整理资料太可惜，所以批准他去海上油田钻井队工作。在海上工作的第一天，领班要求他在限定的时间内登上几十米高的钻井架，把一个包装好的漂亮盒子送到最顶层的主管手里。他拿着盒子快步登上高高的、狭窄的舷梯，气喘吁吁、满头是汗地登上顶层，把盒子交给主管。主管只在上面签下自己的名字，就让他送回去。他又快跑下舷梯，把盒子交给领班，领班也同样在上面签下自己的名字，让他再送给主管。

他看了看领班，犹豫了一下，又转身登上舷梯。当他第二次登上顶层把盒子交给主管时，浑身是汗，两腿发颤，主管却和上次一样，在盒子上签下名字，让他把盒子再送回去。他擦擦脸上的汗水，转身走向舷梯，把盒子送下来，领班签完字，让他再送上去。

这时他有些愤怒了，他看看领班平静的脸，尽力忍着不发作，又拿起盒子艰难地一个台阶一个台阶地往上爬。当他上到最顶层时，浑身上下都湿透了，他第三次把盒子递给主管，主管看着他，傲慢地说："把盒子打开。"他撕开外面的包装纸，打开盒子，里面是两个玻璃罐，一罐咖啡，一罐咖啡伴侣。他愤怒地抬起头，双眼喷着怒火，射向主管。

主管又对他说："把咖啡冲上。"年轻人再也忍不住了，"叭"地一下把盒子扔在地上："我不干了！"说完，他看看倒在地上的盒子，感到心里痛快了许多，刚才的愤怒全释放出来了。

这时，这位傲慢的主管站起身来，直视着他说："刚才让你做的这些，叫作承受极限训练，因为我们在海上作业，随时会遇到危险，要求队员身上一定要有极强的承受力，承受各种危险的考验，才能完成海上作业任务。可惜，前面三次你都通过了，只差最后一点点，你没有喝到自己冲的甜咖啡。现在，你可以走了。”

这位年轻人可能自己也没有想到，领导和主管对自己的折磨是一种考验，更是一种锻炼，经过这些考验之后，你的能力和意志力都会得到极大的提高。经受住各种考验，多用心，多忍耐，你就会获得相应的提高。

顾客把你磨炼成上帝的天使

阿迪·达斯勒被公认为是现代体育工业的开创者，他凭着不断的创新精神和克服困难的勇气，终身致力于为运动员制造最好的产品，最终建立了与体育运动同步发展的庞大的体育用品制造公司。

阿迪·达斯勒的父亲靠祖传的制鞋手艺来养活一家四口人，阿迪·达斯勒兄弟帮助父亲做一些零活。一个偶然的机会，一家店主将店房转让给了阿迪·达斯勒兄弟，并可以分期付款。

兄弟俩高兴之余，资金仍是个大问题，他们从父亲作坊搬来几台旧机器，又买来了一些旧的必要工具。这样，鲁道夫和阿迪正式挂出了“达斯勒制鞋厂”的牌子。

起初，他们以制作一些拖鞋为主，由于设备陈旧、规模太小，再加上兄弟俩刚刚开始从事制鞋行业，经验不足，款式上是模仿别人的老式样，种种原因导致生产出来的鞋销售并不好。

困境没有让两个年轻人却步，他们想方设法找出矛盾的根源所在，努力走出失败的困境。

聪明的阿迪逐渐意识到：那些成功企业家的秘诀在于牢牢抓住市场，而他们生产的款式已远远落后于当时的市场需求。

兄弟俩着手寻找自己的市场定位，经过市场调查，终于有了结果：他们应该立足于普通的消费者。因为普通大众大多数是体力劳动者，他们最需要的是既合脚又耐穿的鞋。再加上阿迪是一个体育运动迷，并且深信随着人们生活的提高，健康将越来越会成为人们的第一需要，而锻炼身体就离不开运动鞋。

定位已经明确，接下来就是设计生产的问题了。他们把自己的家也搬到了厂里，一个多月后，几种式样新颖、颜色独特的跑鞋面世了。

然而，新颖的跑鞋没有像兄弟俩想象的那样畅销。当阿迪兄弟俩带着新鞋上街推销时，人们首先对鞋的构造和样式大感新奇，争相一睹为快。

可看过之后，真正购买的人很少，人们看着两个小伙子年轻、陌生的脸孔，带着满脸的不信任离开了。

兄弟俩四处奔波，向人们推荐自己精心制作的新款鞋，一连许多天，都没有卖出一双鞋。

阿迪兄弟本以为做过大量的市场调查之后生产出的鞋子，一定会畅销，然而无法解决的困难又一次让两个年轻人陷入绝境。

可阿迪·达斯勒的字典里没有“输”这个字，只有勇气陪伴着他们，去闯过一个个难关。

在困难面前，阿迪兄弟没有消沉，没有退缩，而是迎着困难继续努力，在仔细分析当时的市场形式和自己工厂的现状后，终于找到了解决的办法。

兄弟俩商量后决定：把鞋子送往几个居民点，让用户们免费试穿，觉得满意后再向鞋厂付款。

一个星期过去了，用户们毫无音讯，两个星期过去了，还是没有消息。兄弟俩心中都有些焦躁，有些坐不住了。

在耐心地等候中，又一个星期过去，他们现在唯一的办法也只有等待了。一天，第一个试穿的顾客终于上门了。他非常满意地告诉阿迪兄弟俩，鞋子穿起来感觉好极了，价钱也很公道。在交了试穿的鞋钱之后，又定购了好几双同型号的鞋。

随后不久，其余的试穿客户也都陆续上门。一时之间，小小的厂房竟然人来人往，络绎不绝。鞋子的销路就此打开，小厂的影响也渐渐扩大了。

阿迪兄弟俩没有被初次创业所遭受顾客的种种困难所吓倒，面对资金不足、经验不足、信誉缺乏等困难，他们凭着自己的信心和勇气一一攻克，为日后家族现代体育工业帝国的建立，打下了坚实的基础。

现在的你也一样，不要抱怨顾客对你的折磨，因为，唯有这些折磨才能将你磨炼成美丽的“天使”。

第三节
学会理解领导的不容易

老板是让员工赢利的顾客

用最简单的方法来定义，“顾客”就是直接花钱购买东西的人。从商品经济意义上看，当员工把自己作为一个劳动力商品出售时，购买者是谁？是老板。老板出钱购买员工的劳动力价值，员工也一定要把老板当作自己的顾客，并以此开始规划自己的赢利。

若想取得职业生涯的成功，那么，任何一位员工都要从现在开始确立一种观念：“自己就是一家公司，自己所从事的职业就是自己用全身心经营的事业。”你可以把自己既看作是一家旭日初升、大有前途的公司，也可以看作是一件产品，你的产品是在你能力的基础上为你的顾客——老板提供的各种服务。

经营者的根本目的都是为了赢利，而要赢利就必须赢得顾客的认可，使你的产品能够畅销。一个企业只有生产高品质的产品，才能赢得顾客的信赖。

作为公司职员，我们的顾客应该包括我们的老板、我们的上司、我们所在的公司和所面对的客户。其实简单地看，顾客就是我们的老板。从自己是一家公司的角度看，作为经营者和领导者，你必须对自己负责，主要是为自己的赢利负责。

我们要为自己这家企业赢利，只有一个办法，那就是为顾客创造价值。要获得就必须首先付出，这是大自然的铁律。在经济领域也一样，任何一家公司要赢利，都只有先让顾客获得了相应的利益，自己才会得到相应的回报。

任何一家企业的产品和服务再好，也必须通过顾客的认可和购买，才能实现其赢利。顾客就是我们服务的对象，也是我们实现利润的真正关键。当顾客购买我们的商品或服务时，我们的资源和能力才能转化为财富。

对于任何一个职员，老板都是顾客。员工要实现赢利，就必须为老板创造出价值。

很多人在为老板工作时，脑子里只有一个想法，那就是赚钱。希望获得一定的经济利益，这是无可厚非的。然而，一心只是想着如何让老板给你加薪水，却从来不重视对公司的贡献，哪个老板会愿意请一名不能为自己创造价值的员工呢?

是的，金钱是我们生存的一种基础，在如今这个商业社会里，没有金钱我们就难以生存。但是，要获得金钱就必须要有用来交换的商品,它可以是产品,也可以是服务。你的产品和服务的价值越大，你的回报才能越大，也就是说你的赢利才能越大。若你的自我经营毫无意义，你的产品和服务毫无价值，那么，赢利只能是一种空想。

对于任何一家经营者而言，追求赢利都是合情合理的，作为自我经营的员工也一样。但是每一位经营者都应该记住，你给顾客创造价值的大小决定了你赢利的多少。老板是让员工赢利的顾客，对老板这位顾客，员工只有更好地提高为其服务的质量，更多地为其创造价值，他才能给你更多的利润。

老板与员工不是对立，而是合作

很多人认为，员工和老板天生是一对冤家。人们最常听到的是相互间的抱怨，即使偶尔彼此关心一下，也让人觉得有点假惺惺的。人们常呼吁老板要多为员工着想，是出于有利于企业长远发展的愿望来考虑的，而员工似乎就很少有理由要为老板着想了。

究其根本，老板和员工只不过是两种不同的社会角色，只是社会分工不同而已，这两种角色实际上是一种互惠共生的关系。

自然界中有许多互惠共生的现象。比如说豆科植物的根瘤菌，它本身具有固氮的功能，为豆科植物提供了丰富的营养，同时它又可以借助豆科植物获得生存的空间；再比如非洲热带雨林中的大象、犀牛等，它们身体表面往往会有一些寄生虫，一些鸟类等小动物也栖息在它们身上，以这些小寄生虫为食，同时，大象、犀牛也避免了寄生虫对它们的侵害，可谓是互惠互利。这种现象在自然界中不胜枚举，在生物学中统称为共生现象。

老板与员工的关系也有异曲同工之妙。从社会学的角度讲，老板和员工是互惠共生的关系。没有老板，员工就失去了赖以生存的就业机会；而没有了员工，老板想追求利润最大化也只能是镜中花、水中月。

对于老板而言，公司的生存和发展需要职员的敬业和服从；对于员工来说，他们需要的是丰厚的物质报酬和精神上的成就感。从互惠共生的角度来看，两者是和谐统一的——公司需要忠诚和有能力的员工，业务才能进行，员工必须依赖公司的业务平台才能发挥自己的聪明才智。

为了自己的利益，每个老板只保留那些最佳的职员——那些能够忠于公司、尽职尽责完成工作的人。同样，也是为了自己的利益，每个员工都应该意识到自己与公司的利益是一致的，并且全力以赴去工作。只有这样才能获得老板的信任，才能在自己独立创业时，保持敬业的习惯。

许多公司在招聘员工时，除了能力以外，个人品行是最重要的评估标准。品行不端正的人不能用，也不值得培养。因此，优秀员工应当遵循这样的职业信条：如果你真诚地、负责地为老板工作，他付给你薪水，那么你应该感激他、称赞他，支持他的立场，和他所代表的机构站在一起。

在一个有着卓越企业文化和完善激励机制的企业中，员工在享受着老板提供的优厚待遇的同时，也会为老板着想，积极为企业未来的发展出谋献策，积极工作。即使企业一时遇到困难，员工也会与老板同舟共济，渡过难关。每个人都知道，只有上下齐心协力，才能使企业在激烈的竞争中立于不败之地，在老板赚取利润的同时，员工的利益才能得到持久的保障。助人就是助己，多做一点对你并没有害处，也许这会花掉你一些时间和精力，但是可以使你从竞争者中脱颖而出，你的老板、上司和顾客会关注你、信赖你、需要你，从而给你更多的机会。今天种下的种子，总有一天会结出甜美的果实，最终受益的还是你自己。

有些员工以为老板整天只是打打电话、喝喝咖啡而已，这种认识使他们无意中让自己的立场与老板对立起来，使老板和员工之间原本和谐共赢的关系变得紧张起来。实际上，老板并不像我们想象的那么轻松潇洒，作为公司的经营者，他们承担着巨大的压力和风险，他们只要清醒着，头脑中就会思考公司的行动方向，经常一天工作十几个小时。一到下班时间就率先冲出去的员工不会得到老板的喜爱，所以不要吝惜自己的私人时间。即使你的付出得不到什么回报，也不要斤斤计较。

斤斤计较一开始只是为了争取个人的小利益，但久而久之，当它变成一种习惯时，为利益而计较，就会使人变得心胸狭隘、自私自利。它不仅给老板和公司造成损失，也会扼杀员工的创造力和责任心。

老板也在为我们工作

很多员工认为老板对公司而言仅是一个投资者，是一个“最有权力的闲人”，在这种心态的支配下，多数员工（尤其是年轻员工）都有“净赚薪水”的心态，认为“你给多少钱，我就出几分力”是理所当然、各不相欠，有的甚至对老板产生了敌对的情绪。其实，这是一种非常错误的认识。别看有些老板平日里一副轻松潇洒的样子，其实他们大都承担着不为人知的痛苦和责任。

那么在工作中，老板主要承担了哪些痛苦和责任呢？

1. 风险之痛

企业越大，其经营中所遇到的风险就越大。经营企业是一项风险与收益并存的事情。尤其是当企业发展到一定规模之后，在管理机制和管理职能方面不可避免地会滋生出阻碍企业健康发展的种种潜在危机，这些都为老板管理和领导企业带来了很大的风险和挑战。

2. 抉择之痛

老板的角色就好像是一艘船的“船长”，时刻要考虑到企业之舰的航向。企业做到一定规模，老板自然风光，然而随之而来却是对于企业发展方向的抉择，这种抉择的痛苦是员工所不能理解的。企业到底要不要发展壮大？如果企业需要进一步发展，是自己来做还是请职业经理人？自己做，面临着精力和时间上的挑战，请职业经理人，又面临着处理老板与职业经理人间的种种矛盾。矛盾发生时，职业经理人拍拍屁股就可以走了，但是老板却还得捡起烂摊子。只要企业存在，企业抉择的问题就时刻萦绕在老板的心头。

3. 责任之痛

老板是一个企业的领航者和组织者，他们要对企业发展战略的制定、各级人员的管理、财务控制等重大环节负责，稍有不慎就会使企业出现重大变故，很多人可能会因此要重新选择岗位，甚至对整个产业产生很大的影响。由此可见，老板身上肩负着企业的、员工的、社会的责任等多重责任，这种责任为他们带来种种荣耀的同时，也给他们带来了巨大的压力和痛苦。

4. 身体之痛

很多老板都以牺牲身体健康为代价来换取事业上的成功。老板不仅工作要动脑，而且还要交际应酬。结果，过多的应酬和思虑把身体搞垮了。老板的成功是以牺牲健康作为代价的。例如，知名企业家王均瑶去世的主要原因就是因为过于劳累。

5. 感情之痛

处于领导的位置，老板付出的比一般人多得多。算算老板的工作时间：早上 8 点钟到办公室，中午开会或者陪人吃饭，下午接待各种各样的人，晚上还要应酬。等到回家的时候，家人也睡了，老板与家人之间基本上没有时间沟通，由于缺少沟通，两者间也越来越不可能产生共鸣。

冷落了家人不说，有的人在做了老板以后，由于利益的纷争，兄弟姐妹也反目成仇，老板成了孤家寡人。有的是几个好朋友一起做生意，开始很好，做到一定程度，每个人的想法就不一样了，有的说我的钱赚够了，请退钱给我；有的说我还要继续发展，急需钱投资，不能退钱，矛盾的激化导致好朋友最终分道扬镳。

老板承受着不为人知的痛苦和责任，有人把他们称为企业的家长、教练，其实更多的，老板是员工事业上的伙伴，老板在为公司工作的同时，也为员工的发展搭建了一个很好的平台。

给老板多一些理解和支持

在这个世界上，一切都没有变化，变化的只是每个人观察问题的角度。凡是帮别人打过工的人都有这样一种感觉：似乎总有干不完的事，因而认为老板不近人情；而当有一天角色互换，你也成了老板时，你却会认为员工处处不积极主动。

成功守则中最伟大的一条定律——待人如己，也就是凡事为他人着想，站在他人的立场上思考。当你是一名雇员时，应该多考虑老板的难处，给老板多一些同情和理解；当自己成为一名老板时，则需要多考虑雇员的利益，给员工多一些支持和鼓励。

这不仅仅是一种道德法则，它还是一种动力，能推动整个工作环境的改善。当你试着待人如己，多替老板着想时，你的善意就会在无形之中表达出来，从而感动和影响包括你的老板在内的周围的每一个人。你将因为这份善意而得到应有的回报。任何成功都是有原因的，不管什么事都能悉心替他人考虑，这就是你成功的原因。

每一位老板在经营公司的过程中都会碰到很多出乎意料的事情，老板时刻都面临着公司内外的各种压力，而他在压力大的时候偶尔发泄一下，犯点错误，这是正常的。任何人都不可能达到完美，老板也一样。明白了这些，我们就应该以一种普通人的眼光来看待老板，而不要把他们当作雇主，应该同情那些以全副精力打理公司的人，他们往往下班之后还要工作。

很多年轻人认为，自己之所以得不到重用，在于老板鼠目寸光，没有识别人才的慧眼，而且还嫉贤妒能。他们认为在自己的老板手下做事，不仅不能实现自己的价值，还会使自己变成庸才，远离成功。

而事实上，这些年轻人哪里知道，每一个明智的老板无时无刻不在搜寻有能力的员工，而对于那些只知道抱怨却没有真才实学的人，老板只会解雇他们。任何一个老板重用的都是有才能而且能够为自己分忧解难的员工。

老板为了公司的利益，会对每一个员工进行仔细的观察和多方面的考察。只有发现某些人既无工作能力，又品行恶劣的时候，老板才会解雇他。任何人都不会拿自己的心血开玩笑，老板之所以不重用甚至解雇那些能力不足的人，就是因为他们不想拿自己一手创办的且一直苦心经营的事业当赌注。

在这个竞争激烈的社会，任何竞争说到底都是人才的竞争，只有拥有大批人才，公司才能健康发展，那些既没才能又没品行的人，当然会被老板置之不理。

把问题留给自己，把业绩留给老板

工作中，老板看的是业绩，要的是结果。因此，作为一名优秀的员工应当认清自己的职责，做对公司有益的事，把问题留给自己，把业绩留给老板。然而工作中只有极少数人能够做到这一点。我们总是很容易遇上很多怀才不遇的人，他们身上具备很多优秀的品质，他们也充满激情和梦想，可是他们的境况总是不尽人意，得不到老板的赏识。相反，总有比他们平庸的人获得了成功。他们也常常因此而抱怨：为什么上天不垂青于我？

实际上，这是因为他们只关注“我做了什么”，而不关注“我做到了什么”，他们只懂得统计自己的工作量，而不知道老板和公司真正需要的是什么。当然，他们也无法取得让老板满意的业绩。

员工在工作中会面临很多要求，但最基本的要求就是为什么提供需要的结果。老板安排你做一个工作，实际上是想要你提供这个工作的结果。但是很多人却陷入了一个心理陷阱：因为公司与员工之间，不是采取公司与公司之间那种讨价还价的交换，我们就认为公司与自己之间不是商业交换，而是“一家人”。只要做事，尽力就算是有了业绩，至于是不是达到了公司想要的结果，那就不是自己所关心的了。

事实上，认为在工作中对任务负责，而不是对结果负责，这是对自己工作价值认识上的一个误区。要知道，虽然公司与员工不是在每一件事上都采取直接的讨价还价的关系，但员工应当清楚地知道，自己既然拿了公司的工资，就应当提供相应的价值回报。只有抱着这样的心态去理解自己的工作，才能解决好工作上的问题，完成自己的工作使命。

工作中有很多人只看到一份工作的权限和职责要求，而看不到这个岗位背后所承载的意义和作用，即工作使命。对工作使命认识不清导致了这样的结果：很多员工虽然任务执行得很“出色”，但仍然是将一大堆的问题留给了公司和老板，这也就是“做什么”与“做到什么”之间的矛盾。

林克是一家著名的管理咨询公司的业务经理。他有一个习惯，就是每次在接受客户的委托之前，总要先花点时间去拜访该客户组织的高级主管。在问了一些有关业务委托方面的问题之后，林克总要向这些高级主管提些诸如“你们公司现在聘用的员工数量是根据什么得出的”之类的问题。据林克统计，大部分主管的回答是“我负责的是财务”，或“我主管的是销售”，还有一些人回答是“我掌管的员工是100名”，只有很少的一部分人才会说“我的责任是向管理者提供决策所需要的正确信息”，或者是“比去年的任务量提升30%是我的责任”。

这两种不同的回答反映了人们对待工作价值认识上的差异。正是这种认识上的差异导致了把问题留给老板还是把业绩留给老板这两种行为上的差异。那些清楚自己工作使命、把业绩留给老板的人比较看重贡献，他们会将自己的注意力投向公司及个人的整体业绩，而不是自己的报酬和升迁。他们的视野广阔，在工作中，他们会认真考虑自己现有的技能水平、专业，乃至自己领导的部门与整个组织或组织目标应该是什么关系，进一步，他们还会从客户或消费者的角度出发考虑问题。这是因为，不管生产什么产品，提供什么服务，其目的都是为了帮助消费者或顾客解决问题。

那些把业绩留给老板的员工会经常自我反省："我究竟做到了什么？"这有利于他们提高工作责任感，充分发掘自己具备但还没有被充分利用的潜力。相反，那些把问题留给老板的员工不懂得自我反省，他们不清楚自己的工作使命，只知道将任务完成就可以交差了。这种心态致使他们不但不能充分发挥自己的能力，而且还很有可能把目标搞错，以至于南辕北辙。

获得老板的认可

"老板"的概念意味着什么呢？有老板就有打工者，老板好像阎王爷，生杀予夺的权力就被他掌控着，任由他差遣。

下属能不能获得老板的认可，一般来说，有着非常重要的意义。下属如果与老板很投缘，老板就可以为下属提供良好的工作环境和晋升机会，下属的工作有一点起色老板就会很快对此做出反应，给予一定的奖励，如果机会一到，老板金口一开，你的"前程"也就伸手可摘了。

例如，在一个单位之中，特别是私营企业之中，下属的升迁和薪水几乎都是掌握在老板的手里。如果你很有能力，你已经做了很多事情，取得了不少成绩，可是老板还是没有对你表示鼓励。究其原因，就是老板对你只是平平淡淡。很显然，你的成绩不容易被老板发现，得不到老板的欣赏，那么你就没有办法得晋升和加薪的机会。

因此，能否获得老板的认可，往往在很大程度上决定着老板能否理解并支持你的事业。能获得认可，有利于你的前程。反之，就会给你的发展带来很多不必要的麻烦。

工作的直接目标就是工作绩效。在工作过程中，每个人努力工作的结果几乎都是为了取得工作绩效。而能否获得老板的认可，在很大程度上直接影响着下属的工作绩效。

我们知道，任何人的发展和成功都是要靠机会恩赐的，也就是说，机会是下属发展和成功的重要条件。机会可以通过自己的创造来获得，可是得到这种机会需要付出很大的代价，而获得机会的另一个重要途径就是老板为下属提供。

老板可以给下属提供、创造和分配机会，因此，下属与老板搞好关系，就可以获得更多的机会，增加成功的概率。

相反，不同的下属，做同样的工作，花同样的力气，可是，老板不喜欢他们，其评价很多都是否定的。但还是会说什么“工作还是不错，可是自信不足”之类的话。通过这种拐弯抹角的方式，老板嘴轻轻一动就把下属的功劳给抹杀了。对下属来说，这种做法是不好的，至少是有失公正。可是对老板来说，这不是什么了不起的大事，因为作为一个老板，行使权力是他的专利，他需要有人给他干活，而让自己喜欢的人干活更利于交流，这是不言而喻的。并且，老板的手里所掌握的资源是远远超过下属的，最终炒你鱿鱼，你也没话说，所空出来的位置可能还会弄回来一个高手呢。

可是，下属如果不懂得老板有这种偏袒的感情，那就很危险了，自己毁自己的前程。这是因为，作为下属一旦被老板嫌弃，那就不容易混下去了。

如何保住自己的前程呢？下属与老板的关系至关重要。

应该知道，下属与老板之间的缘分十分微妙：

很多时候，下属与老板攀谈几分钟，老板就会对下属产生好感。就好像男女之间的一见钟情就是这种情况，这就是所谓“人结人缘”。还有另外一种情况，那就是所谓的“日久生情”。

与“一见钟情”相比，“日久生情”发生比率更高，这是人与人之间建立良好关系的普遍方式。下属和老板关系大致也是这样的。

所以，下属在工作中不仅要勇于表现自己，还要注意自己的表现要获得领导的认可，这样你的路就会更宽，前途会更光明。

体谅老板，未来才能做好老板

很多时候，我们抱怨老板，因为他总是期望我们做得更多，却给予我们很少。可是，如果换一个角度想，老板整天忙忙碌碌，他是为了什么呢？我们的衣食住行，还不是得益于老板？

老板也在为我们工作。换个角度看老板，我们就能体会到老板为企业经营所付出的辛苦和努力，在工作中给老板更多的理解和支持，只有这样才能把我们的工作做好。

工作中，员工轻视老板主要分为下列两种情形：

第一种情形是，一旦某位职员在公司中起了很大作用，他就会变得自以为是。譬如顺利完成了一个大订单、为公司挽回了重大的损失等，他们就会想：“如果没有我，公司不知道会变成什么样。”

第二种情形是，当员工处于事业的低谷，譬如没有完成业务指标，或者因个人工作问题遭到老板的批评责备，他们的内心会充满挫折感和委屈，于是，就会对那些批评他的人心存怨恨：“当老板有什么了不起，将我放在那个位置上，我一样能做好。”

无论是哪一种情况，都不是一种正确的心态。他们被私欲蒙住了眼睛，看不到老板所付出的代价和努力，看不到做为一名优秀的管理者所必须付出的艰辛。

事实上，作为一名老板，其工作性质与员工有很大不同。他必须思考公司整体的发展战略，他必须对每一个重大的决策进行规划，这些工作表面上看没什么大不了的，但却需要长时间的知识和经验的积累。维持一家公司的正常运行是一个相当复杂的过程，并不是我们所看到的那么简单，他必须具备许多非凡的能力：

——强烈的成就感，这类人追求卓越的成就感的愿望很强烈；

——良好的整合能力，这类人具备不错的逻辑思维能力，能把各种纷繁的信息整合起来，做出准确的判断；

——良好的承受力和持久力，这类人承受压力的能力较强，勇于面临各种打击，不轻言放弃；

——良好的团队组织能力，这类人有天生的领导力，善于调动团队整体积极性。

退一步说，如果你的老板真是很轻松，很悠闲，这也不意味着任何人做了老板都会很轻松，现在的轻松也许是以前辛苦的结果——只是你没有看到老板以前所付出的努力。一旦公司业务进入成熟稳定期，与那些整天疲于奔命的业务员相比，老板的轻松也是理所当然的。

李克是一名业绩出众的营销经理，看到每天老板坐在办公室里，而业务人员四处奔波，使得公司财源滚滚，他内心颇有些不平，于是产生了自己创业的念头。几经筹措终于将公司开起来了，结果如何呢？他发现，无论是业务还是管理都并非自己想象的那么简单。

当然，我们并不否定个人创业，这是一种十分可贵的职业精神，但我们必须明白，做老板是一件复杂而且辛苦的事情。做员工时能够认识到这一点，并且给老板更多的体谅，未来才有可能做好老板。

学会与老板“换位思考”

一位母亲在圣诞节带着5岁的儿子去买礼物。圣诞赞歌响彻整个大街，橱窗里装饰着彩灯，盛装可爱的小精灵载歌载舞，商店里五光十色的玩具琳琅满目。

“一个5岁的男孩将以多么兴奋的目光观赏这绚丽的世界啊！”母亲毫不怀疑地想。然而她绝对没有想到，儿子紧拽着她的大衣衣角，呜呜地哭出声来。

“怎么了？宝贝，要是哭个没完，圣诞精灵可就不到咱们这儿来啦！”

“我……我的鞋带开了……”

母亲不得不在人行道上蹲下身来，为儿子系好鞋带。母亲无意中抬起头来，啊，怎么什么都没有？——没有绚丽的彩灯，没有迷人的橱窗，没有圣诞礼物，也没有装饰丰富的餐桌……原来那些东西都太高了，孩子什么也看不见。在他眼里的只是一双双粗大的脚和妇人低低的裙摆，在那里互相摩擦、碰撞……

真是可怕的情景！这是这位母亲第一次从5岁儿子目光的高度眺望世界。她感到非常震惊，立即把儿子抱了起来……

从此这位母亲牢记，再也不要把自己认为的“快乐”强加给儿子。“站在孩子的立场上看待问题”，母亲通过自己的亲身体会认识到了这一点。

同样，我们在工作和生活中也需要经常去理解自己的老板。理解的最好角度是站在被理解一方即老板的立场去思考，即所谓的“换位思考”。通过换位思考去了解老板，这对于营造自己工作和生活的小环境是极其有用的。

作为公司的员工，从你一开始进入公司那一天起，你就要开始理解公司和公司里面的人，从公司的规章制度、产品特征、市场实力到公司文化都要尽力去理解。进而还要理解你的同事、你的上司、你的老板，理解他们各是什么样的人，有什么样的脾气秉性、工作作风、性格特征。有时候在工作中还需要理解为什么他们要这样处理问题，而不是像你想象的那样。

与老板进行换位思考，也就是要求员工站在老板的角度去思考一些问题，充分理解老板的苦衷。试想如果你是老板，你肯定也希望当自己不在的时候，公司的员工还能够一如既往地勤奋努力，踏实工作，各自做好分内之事，时刻注意维护公司的利益，这样你就可以一心一意处理好外面的事情。如果你是公司老板，当你派出你的员工到各地处理公司事务的时候，也希望他们个个都能够高质高效地完成任务，以保证公司的业务顺利开展，公司的盈利节节上升。

既然你希望你的员工这样去做，那么，当你回到自己的位置上的时候，你就应该想到，自己该做什么、该如何做。

只有与老板进行换位思考，我们才能真正从老板的角度考虑问题。老板也是人，他考虑的问题比一般员工更多，因为他处理的事情多，与他打交道的人多。员工和老板之间是什么关系？直观地，当然是雇佣关系，而实际上是共同创造价值、共同分享经营成果的互惠共生关系。在现今的商业环境中，老板和公司员工之间需要建立一种互信的关系。当然并不是说要对那种长期拖欠工资的老板也一味地迁就，而是说当公司真的有困难的时候，只要老板能够跟我们推心置腹地讲清楚，让我们有足够的思想准备，我们也应该体谅老板的艰辛和困难，并且自动自发地站在老板的角度，从公司的利益出发，为老板出谋划策。

老板的立场就是公司的立场，一个从公司的角度看问题的员工，会自觉调整自己与老板的对立情绪，同情和支持自己的老板，时刻与老板站在同一条战线上。

第四节 方法总比问题多

实干的人，还要会巧干

作为华人首富，李嘉诚的名字家喻户晓，他之所以能成为首富，也并非偶然：从打工的时候起，他就是一个找方法解决问题的高手。

李嘉诚的父亲是一名老师，他非常希望李嘉诚能够考个好大学。然而，父亲的突然去世使得这个梦想破灭了：家庭的重担全部落到了才十多岁的李嘉诚身上，他不得不靠打工来维持整个家庭的生计。

他先是在茶楼做跑堂的伙计，后来应聘到一家企业当推销员。干推销员首先要能跑路，这一点难不倒他，以前在茶楼成天跑前跑后，早就练就了一副好脚板；可最重要的，还是怎样千方百计把产品推销出去。

在做推销员的整个过程中，李嘉诚都很重视分析和总结。在干了一段时间的推销员之后，公司的老板发现：李嘉诚跑的地方不比别的推销员多，成交量却最多。

他是如何做到这一点的呢？

原来，他将香港分成几片，对各片的人员结构进行分析，了解哪一片的潜在客户最多，有的放矢地去跑，这样一来，他获得的收益自然要比别人多。

不错，当别人都认为工作只需要按部就班做下去的时候，偏偏有一些优秀的人会找到更有效的方法，将效率更快地提高，将问题解决得更好。正因为他们有这种找方法的意识和能力，才使他们以最快的速度得到了认可。

联想老帅柳传志的经典名言就是："撒上一层新土，夯实，再撒上一层新土。当确认脚下是坚实的黄土地之后，撒腿就跑。"柳传志还说："没钱赚的事不能干；有钱赚但是投不起钱的事不能干；有钱赚也投得起钱但是没有可靠的人去做，这样的事也不能干。"

正是因为柳传志知道革命不能胡干蛮干，所以保证了联想在20世纪90年代初的房地产泡沫经济运行过程中没有跟风，并因此抓住了其他竞争对手实力下滑的时机一跃而出，从此一路领先。

张瑞敏曾说："世界上长盛不衰的百年企业，不变的是其创新的精神。"为了使巧干在海尔形成一种气候，提高员工巧干的理念与能力，让每个员工多谋创新之策、多出创新之招、多做创新之事，海尔给每个员工都发了"合理化建议卡"。员工对管理、技术、工作等任何方面有好的建议，都可以提出来。而对于合理化的建议，海尔会立即采纳并实行，对提出者还有一定的物质和精神奖励。

20年间，家电市场竞争日趋激烈，海尔却始终保持了高速、稳定发展的势头，奥秘只有两个字：巧干！

"推磨子不如打碾子，干活儿不如想点子。"实干不是傻干、蛮干，巧干也不是乱干、胡干，否则要么事倍功半，要么一事无成。带着思想工作就得"狼狈为奸"——既要有"狼"的勇敢、团队精神，还得有"狈"的鬼点子、好主意。

抱怨的人往往是没找对方法

我们常常听到这样的抱怨：

"这份工作太难了，根本就做不好。"

"这么难，让我无从下手，可怎么做啊？"

他们认为找不到方法来解决问题，自然工作是做不好的。这些只能说是推托之词，只有主动去找方法才会有办法。

我们说：没有解决不了的问题，只有找不到方法的人。只要拥有方法这把宝剑，工作中再大的障碍也会被夷为平地。

第25届世乒赛时，有一个戏剧性情节：中国选手容国团战胜自己的同胞队友杨瑞华。杨瑞华则大胜匈牙利老将西多，不是偶然获胜，而是每战必胜，被称为西多的克星。西多则每每战胜容国团，不是偶胜，而是常胜，两天前的团体赛就赢得很爽快，被称为容国团夺冠的拦路虎。最后的冠亚军决赛由容国团对阵西多。第一局，容国团很快就告负了。赛场预测，男单冠军必属西多无疑。可是，最后的结果却相反，容国团为我国体育代表队夺得了第一个世界冠军。这是为什么？中国队采取了什么战术？

在第一局结束后，教练傅其芳退后，队员杨瑞华临时充当教练，指导容国团。杨瑞华时而示范动作，时而侧目西多，眼中充满火药味。西多见杨瑞华为容国团面授机宜，浑身觉得不自在，心里直发怵。他双眼直盯杨瑞华，自己的教练说了什么都未能听进去，一副忧心忡忡的样子。第二局开始，容国团士气大振，越战越勇，西多却步伐紊乱，连连失误。最后，容国团以3∶1夺冠。

教练导演了一个戏剧性变化，赢得了中国体育历史上值得大书特书的一块金牌。让我们看看这一方法的根蒂：

一是场上条件不足场外补。根据历史表现与现实表现，教练断定，容国团战胜西多的概率很小，换句话说，仅靠容国团个人在场上的力量很难制伏对方。场上条件不足，但我们有场外条件优势，让它发挥出来，不无小补，这是一个极为出格的决策。

二是技术条件不足心理补。很明显，在技术条件上，容国团根本不占优势，甚至说是遇上了拦路虎。场外条件虽好，但鞭长莫及，替代不了，那就提供心理力量：教练的创新打击了西多的求胜心理。对阵的还是容国团、西多两人。两人的技术也不可能在瞬间发生很大的变化，客观条件很难改变。着力点就在主观上——让西多的克星杨瑞华站到教练席上，对西多实施精神压迫。让杨瑞华面授机宜，尽管客观上不一定发挥多大作用，这让西多听不懂，猜不透，以为自己的弱点被对方抓住了，心中没了底气。同时，安排杨瑞华“侧目怒视”，充满火药味，进一步给西多施加压力。

通过教练的计谋，增添了容国团的自信心。而有杨瑞华点破西多的破绽，自己对西多的畏惧也消除了，在杨瑞华的点拨下，他对自己的攻击力也有自信了，斗志自然更加旺盛了。

我们常常看到这样的情况：面对同一种工作，有的人认为无从下手，而有的人却可以做得很好，其中的关键差别就在于能不能转换自己的思路，并积极地寻找解决问题的方法。

相信大家都读过“把梳子卖给和尚”的故事。乍一看，这是一个难以完成的任务，却有人可以做出很不错的业绩。原因就在于，他突破了传统思维的限制，梳子除了用来梳头发还可以做什么呢？可以做纪念品。如果在其上刻上“积善梳”三字，其意义又非同寻常了，根据不同的香客身份赠送不同品种的梳子，市场也就更为广阔了。

这就是方法的力量。找对了方法，原来看似难以解决的困难都可以迎刃而解，看似难以完成的工作都可以顺利完成。

正确的方法比执着的态度更重要

我们无一例外地被教导过，做事情要有恒心和毅力，比如“只要努力，再努力，就可以达到目的”等说法，我们早已十分熟悉了。你如果按照这样的准则做事，你常常会不断地遇到挫折和产生负疚感。由于“不惜代价，坚持到底”这一教条的原因，那些中途放弃的人，就常常被认为“半途而废”，令周围的人失望。

正是因为这个害人的教条，使我们即使有捷径也不去走，而是去简就繁，并以此为美德，加以宣扬。

一个胖女孩最近在减肥，她一直认为发胖是因为吃的食物太多造成的，所以，从决定减肥时起便开始节食。她也果然有毅力，每天的主食绝不超过二两，其余皆用水果、蔬菜来填补。然而，两个月之后，她的脂肪就像舍不得离开她一样，牢牢地附在她的身上，可由于营养不良，她已变得十分虚弱，爬三层楼梯都会气喘吁吁。

尽管这样，她仍认为是自己坚持的时间太短，又过了一个月，情况还是那样。没有办法，家人把她送到了医院，征求医生的意见。医生告诉她，减肥是要讲科学、讲方法的，不能只靠节食，还要结合运动，并保持心情舒畅。

女孩听了医生的话，意识到了曾经的“坚持”都是无谓的。按照医生教的方法，她每天坚持锻炼，适当节食，并通过听音乐等方式愉悦心情。现在，她已经取得了很大的成效。

其实，不只减肥要讲方法，无论做什么事都要讲究正确的方法。在我们的工作和生活中，类似的例子屡见不鲜。销售经理对业务受挫的推销员经常说：“再多跑几家客户！”父母对拼命读书的孩子常说：“再努力一些！”但是这些建议都有一个漏洞。就像有人曾经问一位高尔夫球高手：“我是不是要多做练习？”高尔夫球高手却回答道：“不，如果你不先把挥杆要领掌握好，再多的练习也没用。”其实，正确的方法往往比执着的态度更重要。

为工作设定目标是一件很重要的事情，我们也常会设计一套工作方案，并执着地依照这套方案行事，而完全忘记了根据形势的变化要更换方案。其实，头脑稍稍地转动一下，选用正确的方法，就可以获得更好的结果。

肯·富奇辞掉了美国电话电报公司的业务员工作，改当顾问，有一段时间，大概因为刚刚进入新行业，他变得十分散漫，工作时经常状态不佳，出了很多错。他痛苦极了，决定养成一个能一直保持下去的习惯。这时有人建议他每天早上当他走下楼梯到楼下的办公室时，打扮得就像要去外面的公司上班一样。这样做显得专业，随时准备好突然有人会来邀请他与客户约会，可以让自己一直处在工作状态中，后来肯·富奇发现，这的确是一个很好的工作方法。

态度执着者经常自己摸索方法。但既然成功可以复制，经验可以传承，又何苦去慢慢学炸鸡的技巧？加盟肯德基开家分店吧，操作手册上写得很清楚，你会很快就能够炸出美味的鸡肉，并且招聘来的员工即使没学过做快餐，按照炸鸡配方及流程照做一遍，也能有和你所见的肯德基炸鸡一样的味道。走遍每一家分店，都会吃到一样好吃的炸鸡，就是这个道理。

在工作中，我们不可能总是一帆风顺，当遇到难题的时候，绝对不应该一味下蛮力去干，要多动些脑筋，看看自己努力的方向是不是正确。

抓住问题的根源，在危机中找转机

在老板看来，一名称职员工最关键的素质是解决问题的能力，尤其是在紧要关头。正如一家知名的跨国集团总裁所说的那样："通向最高管理层的最迅捷的途径，是主动承担别人都不愿意接手的工作，并在其中展示你出众的创造力和解决问题的能力。"

然而解决问题不能一味地靠决心和蛮力，最重要的还是要发现问题的关键。在危机之中找到转机。

在美国纽约，有一家公司为了进一步谋求发展，斥巨资新建了一栋52层高的总部大楼。工程马上就竣工了，但如何面向社会宣传呢？公司的广告部人员绞尽了脑汁，仍然找不到一个满意的宣传方案。

就在这时，值班人员报告，在大楼的32层大厅中发现了大群的鸽子。这群鸽子似乎将这个大厅当成巢穴了，把整个大厅搞得脏乱不堪。可是，应该怎样处理这群鸽子呢？如果处理得不好，势必会引起环保组织的攻击。如果处理得巧妙，就可以使麻烦变成机遇。相关工作人员冥思苦想，终于得到了一个“一举两得”的好办法，那就是利用鸽子这一偶然事件大做文章，制造新闻。他们先派人关好窗子，不让鸽子飞走，并打电话通知了纽约动物保护委员会，请他们立即派人妥善处理好这些鸽子。

可想而知，历来以注重动物保护而自誉的美国人会怎么样。

动物保护委员会的人闻讯后立即赶来了，他们兴师动众的大举动马上惊动了纽约的新闻界，各大媒体竞相出动了大批记者前来采访。

三天之内，从捉住第一只鸽子直到最后一只鸽子落网，新闻、特写、电视录影等，连续不断地出现在报纸和荧屏上。这期间，出现了大量有关鸽子的新闻评论、现场采访、人物专访。而整个报道的背景就是这个即将竣工的总部大楼。此时，公司的首脑人物更是抓住这千金难买的机会频频出场亮相，乘机宣传自己和公司。一时间，“鸽子事件”成了酷爱动物的纽约人乃至全美国人关注的焦点。

随着鸽子被一只只放飞，这家公司的摩天大楼以极快的速度闻名遐迩，而公司却连一分钱的广告费都没花。

回过头，我们再想一想，如果这家公司没有找到问题的根源，没有意识到鸽子的处理方式会关系到公司的利益，若处理不当，不但会损害公司的形象，更会丧失免费宣传公司的机会。

在工作中，没有人不希望能最快、最有效地解决问题，但有的人能做到，有的人却做不到，这其中的原因有很多，而是否懂得抓要点、抓根本，是关键。

眉毛胡子一把抓，结果往往是事事着手、事事落空，即使事情能做成，也要付出很多的时间和精力。与此相反，有的人不管遇到多棘手的问题，都能够以最快的速度抓住问题的要点，并采取相应的手段，这样，再棘手的问题也能很快解决。

把问题扼杀在摇篮中

著名的人力资源培训专家吴甘霖先生在他的讲座中经常提到这样一个故事：

日本剑道大师冢原卜传有三个儿子，都向他学习剑道。一天，他想测试一下三个儿子对剑道掌握的程度，就在自己房门上放置了一个小枕头，只要有人进门时稍微碰动门帘，枕头就会正好落在头上。

他先叫大儿子进来。大儿子走近房门的时候，就已经发现枕头，于是将之取下，进门之后又放回原处。二儿子接着进来，他碰到了门帘，当他看到枕头落下时，便用手抓住，然后又轻轻放回原处。最后，三儿子急匆匆跑进来了。当他发现枕头向他砸来时，情急之下，竟然挥剑砍去，在枕头将要落地之时，将其斩为两截。

剑道大师对大儿子说道："你已经完全掌握了剑道。"并给了他一把剑。然后他对二儿子说道："你还要苦练才行。"最后，他把三儿子狠狠责骂了一通，认为他这样做是他们剑道大师家族的耻辱。

剑道大师以什么标准给三个孩子不同的评价呢？其中的一点，就是对问题的察觉能力。大儿子能够以最敏锐的思维觉察到问题，并且将问题消灭在萌芽状态；二儿子发现问题晚，但当问题发生时，能够妥善地处理；三儿子根本没有发现问题，当问题出现时，便采取极端的应急方式进行处理，结果把不应该砍掉的枕头砍掉——不但没有解决问题反而又创造了新的问题。所以，一个优秀的人，总能在第一时间察觉问题，并将其扼杀在摇篮之中。

对一个员工来说，如果发现公司有不合理之处，要立刻将问题扼杀在摇篮之中，切不可姑息。对产品同样不要因为是自己做的，有了毛病就讳而不宣，等到让消费者发觉时，受损害的就不止是你个人，很可能连整个公司的名誉、信用也受到拖累。

爱立信在中国“黯然神伤”的案例便是最佳的教材。

有着百年辉煌历史的爱立信与诺基亚、摩托罗拉并肩称雄于世界移动通信业。但自1998年开始的几年里，爱立信在中国的市场销售额一日千里地下滑，最终不但退出了销售三甲，而且还排在了新军三星、飞利浦之后。

2001年，在中国手机市场上，大家去买手机时，都在说爱立信如何如何不好。当时，它有一款叫作“T28”的手机存在质量问题，这本来就是一种错误，但更大的错误是爱立信漠视这一错误。“我的爱立信手机坏了，送到爱立信的维修部门，问题很长时间都没有解决。最后，他们告诉我是主板坏了，要花700块钱换主板。而我在个体维修部那里，只花25元就解决了问题。”这位消费者确切地说出了爱立信存在的问题。那时，几乎所有媒体都注意到了“T28”的问题，似乎只有爱立信没有注意到。爱立信一再地为自己辩解，认为是一些别有用心的人在背后捣鬼。然而，市场不会去探究事情的真相，也不给爱立信以“申冤”的机会，就无情地疏远了它。

《广州青年报》连续三次报道了爱立信手机在中国市场上的质量和服务问题，引发了消费者以及知名人士对爱立信的大规模批评，而且，爱立信的768、788 C以及当时大做广告的SH888，居然没有取得入网证就开始在中国大量销售。当时，轻易不表态的电信管理部门的声明，证实了此事。至此，爱立信手机存在的问题浮出水面。但爱立信一如既往地采取掩耳盗铃的方式来解决问题。据当时参加报道的一位记者透露，爱立信试图拿出几万元广告费来封媒体的嘴。爱立信广州办事处主任还心虚嘴硬地狡辩：“我们的手机没有问题。”既然选择拒不认错，爱立信自然不会去解决问题，更不会切实地去做服务工作。

“为山九仞，功亏一篑。”“千里之堤，溃于蚁穴。”质量和服务中的缺陷，使爱立信输掉了它从未想放弃的中国市场。在工作中，我们不要忽视任何一个小问题的滋生，更不能姑息它们由小到大的过程。解决问题和困难最好的时机，莫过于在它们刚刚萌生之时。如果一个问题在它刚刚萌芽之时没有得到及时解决，那它就有可能像雪球一样越滚越大，最终一发不可收拾。

只要有智慧，劣势也能变优势

当你身处劣势时，可以选择两种处理方式：

一是一味抱怨。抱怨自己生不逢时，有才华却毫无用武之地；抱怨天公不作美，陷自己于困顿之中。

二是积极行动。面对劣势，积极思考，用灵活的思维、巧妙的办法解决问题。

与之相对应，两种表现也会产生两种截然不同的结果：一味抱怨的仍在抱怨，因为他仍旧身处劣势而没有丝毫变化；积极行动的则会开怀一笑，因为他已经用头脑与行动化解了困难，甚至会将劣势转化为优势。

有一次，英国一家足球生产厂接到了一份“莫名其妙”的控诉，因此而面临一场不大不小的危机。但他们的工作人员凭借着超常的智慧和方法将自己所处的“劣势”转变成了“优势”。

一天，在英国麦克斯亚洲的法庭上，一位中年妇女声泪俱下，面对法官，严词指责丈夫有了外遇，要求和丈夫离婚。她对法官控诉了自己的丈夫，指责他不论白天还是黑夜，都要去运动场与那“第三者”见面。法官问这位中年妇女：“你丈夫的‘第三者’是谁？”她大声地回答：“‘第三者’就是臭名远扬、家喻户晓的足球。”

面对这种情况，法官啼笑皆非，不知如何是好，只得劝这位中年妇女说：“足球不是人，你要告也只能去控告生产足球的厂家。”不料，这位中年妇女果真向法院控告了一年可生产20万只足球的足球厂。

更让人意想不到的却是这家被控告的足球厂，他们在接到法院的传票后，不怒反喜，竟十分爽快地出庭，并主动提出愿意出10万英镑作为这位中年妇女的孤独赔偿费。这位太太喜出望外、破涕为笑，在法庭上大获全胜。

大家知道，英国是现代足球的发祥地，国人对足球的酷爱几乎达到了发狂的地步，这场因足球而引起的官司自然在全英国产生了巨大的轰动效应，各个新闻媒体纷纷出动，做了大量的报道。

头脑精明的厂长，敏锐地利用了一次非常糟糕的事件大做文章，没花一分钱的广告费，却让他和他的足球厂名声大振。

这位足球厂厂长在接受记者采访时说：“这位太太与她的丈夫闹离婚，正说明我们厂生产的足球魅力之大，并且她的控词为我厂做了一次绝妙的广告。”自此，这家足球厂的产品销量因此直线上升，成为同行中的“领头羊”。

被告上法庭，是每一个企业都比较头痛的问题，更不用说是如此“无厘头”的原因。处于劣势的足球厂却没有放掉这个让劣势变优势的机会，而是积极地促成它们的转化，让人们在对这起案子“津津乐道”之时也将这家足球厂深深地记在了心里。

正如故事给我们的启示，工作中，劣势与优势是可以相互转化的。只有那些勇于开拓思路、积极寻找方法、谋得有利于发展的资源的人，才能成就大业。

优秀的员工往往能够从危机中寻找可以利用的商机，在失利中寻找契机，从而使自己反败为胜。只要思路再灵活一些、方法再得当一些，遇上的麻烦可能会带给你推销自己和企业的机会。

每一个人都有可能成功，但有时就差这么一点点火候，把握好时机，你便走到别人的前面了。

“此路不通”就换个方法

有位科学家做过这样一个实验：把一盆食物放在一个未封闭的护栏前，让鸡和狗去吃。鸡很愚蠢，看见食物，只在护栏前猛扑，结果总是吃不到食物。狗却聪明，它只在护栏前站了一站，便侧身转到护栏后面，结果吃到了食物。

一个简单的故事，却阐释了一个不简单的道理：达到目标的最短距离未必是直线。在遇到问题时，我们基本会以两种方法去解决：以直线方法或以迂回的方法。通常，直线方法是我们的首选，因为我们认为两点之间直线最短。但是，许多问题的求解靠直线方法是难以如愿的，这时，采用迂回思维去观察思考，或许能使问题迎刃而解。

很多人都知道曹冲称象的故事。在称量技术落后的古代，一只大象的重量，谁也无法准确称出。小曹冲非常聪明，他避开了没有大秤的正面冲突，想到了把大象装在船上，刻下船在水中的吃水线。再牵下大象，装上同样吃水线的石子。这样，就把称大象的难题，转换成称同样重量的小石子。一把小秤，便把一只大象的重量称出来了。

蒙古族也有一则关于聪明的巴拉甘仓的民间故事。一次，一位财主骑马在路上碰到巴拉甘仓。财主说："巴拉甘仓，听说你很聪明，你能把我从马上拉下来吗？"巴拉甘仓说："先生，我不能。但我可以把你从马下拉到马上。"财主马上跳下来，叫巴拉甘仓把他拉上马。巴拉甘仓哈哈大笑："先生，我这不是把你拉下马了吗？"财主恍然大悟。

这两则故事都说明在我们的生活中，有很多难题看似无法解决，但如果我们采用迂回思维之术，不正面出击，而从侧面或背后出击，便可柳暗花明。

我国著名科学家吴阶平讲了一个他父亲的故事。他说，有一次，一位姓盛的人有一批大洋（银圆）要从武汉运往上海。当时，长江一线匪盗猖獗，谁也不敢承接这一任务。盛某人找到吴阶平的父亲。吴父面无难色，很爽快地答应了盛某人的要求。吴父为什么敢于如此爽快地应招？原来吴父是这样做的：他把那批大洋，全部买成洋油，洋油装船运输，就比直接装银圆运输安全多了。洋油运到上海，再换成银圆交给盛某人，问题不就轻而易举地解决了吗？凑巧的是，这批洋油运抵上海时，恰好遇上洋油大涨价，吴父不但把全部银圆安全交给了盛某人，还为其狠赚了一笔。盛某人大喜，要给吴父一些大洋，吴父不受。盛某人便投资帮吴父在上海建立了一个纱厂。

运用迂回思维的基本特点就是避直就曲，通过拐个弯的方法，规避摆在正前方的障碍，走一条看似复杂，却可以尽快到达目的地的曲线。这是迂回思维的智慧，也是迂回思维的魅力所在。

“此路不通”就绕个圈，“这个方法不行”就换个方法，应该成为每个人的生活理念。一个卓越的人，必是一个注重思考、思维灵活的人。当他发现一条路走不通或太挤时，就能够及时转换思路，改变方法，以退为进，寻找一条更加通畅的路。这一点思维特质，是需要我们用心学习的。

第四章

不抱怨的情感

第一节
不懂珍惜生活的人，最会抱怨它的匆匆而过

停止抱怨，珍惜你所拥有的

“事情怎么会这样呢？真是烦人！”“我这次考试没考好，全都怪昨天晚上……”“考试题出成这样，老师根本就是在难为我们。”这是不是你经常挂在嘴边的话？心情不愉快的时候，这些抱怨的话好像不经过大脑自己就到嘴边了，然后心情就会变得很沮丧。在这样一种精神状态下，不难想象，你犯错误的概率自然要比别人高，许多新的烦恼又在后边等着你，那么你又开始新一轮的抱怨—沮丧—出错—倒霉……

哈佛教授认为，抱怨只是暂时的情绪宣泄，它可以是心灵的麻醉剂，但绝不是解救心灵的方法。因而，他们经常告诫自己的学生：遇到问题，抱怨是最坏的方法。

罗曼·罗兰说，只有将抱怨环境的心情化为上进的力量，才是成功的保证。也有人说，如果一个人青少年时就懂得永不抱怨的价值，那实在是一个良好而明智的开端。倘若我们还没修炼到此种境界，就最好记住下面的话：如果事情没有做好，就千万不要为抱怨找借口。

古人云：“人生之事，不顺者十之八九，常想一二。”这句话的意思是说人活在世上，十件事中有八九件都会使人不顺心，但要常去想那一两件使人开心的事。每个人都会遇到烦恼，明智的人会一

笑了之，因为有些事是不可避免的，有些事是无力改变的，有些事情是无法预测的。能补救的应该尽力补救，无法改变的就坦然面对，调整好自己的心态去做该做的事情。

一名飞行员在太平洋上独自漂流了20多天才回到陆地。有人问他，从那次历险中他得到的最大教训是什么。他毫不犹豫地说："那次经历给我的最大教训就是：只要还有饭吃，有水喝，你就不该再抱怨生活。"

人的一生总会遇到各种各样的不幸，但快乐的人不会将这些装在心里，他们没有忧虑。所以，快乐是什么？快乐就是珍惜已拥有的一切，知足常乐。

抱怨是什么？抱怨就像用针刺破一个气球一样，让别人和自己泄气。

其实，抱怨属人之常情。"居长安，大不易"，难道不许别人说一说苦闷吗？困难是一回事，抱怨是另一回事。抱怨的人认为不是自己无能，而是社会太不公平，如同全世界的人合伙破坏他的成功，这就把事情的因果关系弄颠倒了。

喜欢抱怨的人在抱怨之后，心情非但没变轻松，反而变得更糟。常言说，放下就是快乐。这也包括放下抱怨，因为它是沉重又无价值的东西。

人们喜欢那些乐观的人，是喜欢他们表现出的超然。生活需要的信心、勇气和信仰，乐观的人都具备。他们在自己获益的同时，又感染着别人。人们和乐观，包括豁达、坚韧、沉着的人交往，会觉得困难从来不是生活的障碍，而是勇气的陪衬。和乐观的人在一起，自己也就得到了乐观。

抱怨失去的不仅是勇气，还有朋友。谁都不喜欢牢骚满腹的人，怕自己受到传染。失去了勇气和朋友，人生变得很难，所以抱怨的人继续抱怨。他们不知道，人生有许多简单的方法可以快乐地生活，停止抱怨是其中的真谛之一。

总是抱怨自己不幸的人，不要总是看到你还不曾拥有的东西，而要静下心来，放下心灵的负担，仔细品味你已拥有的一切。学会欣赏自己的每一次成功、每一份拥有，你就不难发现，自己竟会有那么多值得别人羡慕的地方，幸福之神早已向你频频招手。

谁珍惜生命，谁就延长了生命

人生总是那么短暂，有时候心怀梦想，想要按照计划去实行，可是似乎计划还没有定完，一段青春的岁月就这么溜走了。不知不觉，人生已经到了暮年，也许再转眼，就划过了所有的美好岁月，走向了人生的尽头。每天，都有无数生命像流星一样划过天际，消失在茫茫夜空当中。是哀叹、漠然，还是反思、爱惜?

曾在报刊上读过一篇关于生命的文章：

在一个炎热的上午，10时整，蝉发表了他的第一篇作品。它说：炎热。

同一天11时，它还在鸣叫，并没有改变它的调子，而且扩大了它的主旋律。它说：爱情。

在酷热的午后时分，当爱情与炎热带来的伤感动摇了它时，它心灵的交响乐进入了伟大的乐章，于是它说：死亡。

但是这事还没有结束。晚餐以后，它把炎热、爱情、死亡编织成最后一节，比其他各节更为精妙，而且没有那么嘈杂。它还掌握着最后一个英雄般的单音节词。

生命，它回忆着说：生命。

生命，即使如火焰、如昙花，只要学会珍惜，它便永存那一刹的动人与璀璨。

当代作家毕淑敏在谈到自己生命的经历时，曾说："我16岁时离开北京到西藏阿里当兵，是我记忆最深刻的人生转折。我从小的生活经历决定，我对于农村的想象空间也仅限于住土房子吃窝头，而到了阿里，零下40多度的酷寒、海拔5000米以上带来的缺氧、八九个月接不到任何信件、吃不到任何蔬菜等等，那该不是外星吧？我吓坏了！我真真地感受到，人的生命太脆弱了，因为我们还时时会面对死亡。

"那时我们没有任何娱乐的条件，没过多久几个人连话都说尽了，我因此常常一个人呆坐着看冰雪，一看就是几个小时，现在想来，那简直就是'面壁'……原始人的生活不过如此吧？

"但是，我在那时有很多冥想，人从哪里来，要到哪里去，看冰雪的时候仿佛看出了人生的很多问题。我记得康德有一句话说：'人对于崇高的认识来源于恐惧。'可能吧，于是我决心自己的一生要过得有趣有意义，还要于他人有益。

"那十多年的生活让一种观念横贯我的一生，那就是珍惜生命。有人曾经对我的小说等作品做专门研究发现，我用'生命'、'死亡'，特别是'温暖'这样的词汇特别多，大概是因为我当年被冻怕了。

"不管怎么说，后来我的作品总是要把自己在高原所体验到的生命的宝贵，传达给他人。那是在我长篇小说里一以贯之的主题——爱惜生命。"

爱惜，是因为感恩。毕竟，能够拥有生命就是一种幸福。但是，如果人的生命就好像一朵盛开的花朵，你可以绚烂辉煌，香气袭人；或者苍白暗淡，寂寂无声。一切在于你珍惜与否。生命也是脆弱的，面对如此脆弱的生命，我们唯一能做的，就是珍惜生命中的每一天，不虚度，不浪费。

身边出现的每一个人都是我们的福分

一天，一个中年妇女见自己家门口站着三位老人，便上前对老人们说："你们一定饿了，请进屋吃点东西吧！"

"我们不能一起进屋。"老人们说。

"为什么？"中年妇女不解。

一位老人指着同伴说："他叫成功，他叫财富，我叫善良。你现在进屋和家人商量一下，看看需要我们当中哪一位？"

中年妇女进屋和家人商量后决定把善良请进屋。她出来对老人们说："善良老人，请到我家来做客吧。"

善良老人起身向屋里走去，另两位叫成功和财富的老人也跟进来了。

中年妇女感到奇怪，问成功和财富："你们怎么也进来了？"

"善良是我们的兄长，兄长在，我们也必须在，因为哪里有善良，哪里就有成功和财富。"老人们回答说。

其实就像这位老人说的那样，善良总是伴随着财富和地位一起而来，我们善待、珍惜生命中出现的每一个人，其实也是在善待我们自己。

在我们的生命中，不断地有人离开或进入，我们无法把握时间去改变这些，但是我们却可以用自己的心去珍惜于自己生命中存在过的人。与每一个人的相遇都是一种机缘，当有一天，我们回首的时候，发现那些当初很要好的人已经是天各一方，每个人都开始了没有我们的日子，那些曾经大大咧咧地喊他昵称的日子似乎已经很遥远了，想念彼人，却发现你已经连他的电话也没有了，于是后悔当初只因为一句话就彼此伤害，后悔没有好好珍惜在一起的日子。

所以，无论是什么时候，每一个人的出现都是自己的福分，感激上天让我们与每一个人的相逢，或许此刻你们亲近无比，但说不准哪一天你们从此分别，永远无法联系，为了我们的人生没有遗憾，善待我们生命中的每一位过客。

遇到你真正的爱人时，要努力争取和他相伴一生的机会，因为当他离去时，一切都来不及了；遇到可相信的朋友时，要好好地和他相处下去，因为在人的一生中，能遇到一个知己真的不容易；遇到人生中的贵人时，要记得好好感激，因为他是你人生的转折点；遇到曾经爱过的人，记得微笑向他感激，因为他是让你更懂得爱的人；遇到曾经恨过的人时，要微笑着向他打招呼，因为他让你变得更坚强；遇到现在和你相伴一生的人，要百分百感谢他爱你，因为你们现在都得到幸福和真爱；遇到背叛你的人时，要跟他好好聊一聊，因为若不是他，今天你不会懂得这个世界；遇到曾经偷偷喜欢的人时，要祝他幸福！因为你喜欢他时，是希望他幸福快乐；遇到匆匆离开你的人，要谢谢他走过你的人生，因为他是你精彩回忆的一部分。

善待生命中每一个与你擦身而过的朋友，你的人生将轻松无比，了无缺憾。

告诉眼前人，他对你很重要

有一位著名作家说："人在年轻的时候，并不一定了解自己追求的、需要的是什么，甚至别人的起哄也会促成一桩婚姻；等你再长大一些，更成熟一些的时候，你才会知道你真正需要的是什么。可那时，你已经做了许多悔恨得使你锥心的蠢事。"所以，真正遇到自己爱的人，一定要告诉他，他对你很重要。不然，等到错过了，就再也没有让对方明白你的心意的机会了。

八十多年前，为了爱情，诗人徐志摩与其原配夫人离异，造就中国近代史第一例离婚案，影响巨大。其师梁启超力劝其悬崖勒马，徐意坚决，复书说："吾唯有于茫茫人海中求之，得之我幸，不得我命，如此而已！"

毛彦文是中国第一个女留学博士，大学者吴宓追求毛女士时，曾将他的罗曼蒂克写成诗，还发表出来，其中有"吴宓苦爱毛彦文，九州四海共惊闻。离婚不畏圣贤讥，金钱名誉何足云"等句。世人议论纷纷，吴宓泰然自若。

这种表达爱情的勇气和方式，直至今日，仍令人津津乐道。

他到国外出差，在机场告别了恋人便搭机飞往瑞士。半个月后，事情办完了，他也买好回家的机票，然后他到电信局打算发电报给恋人。

拟好电文后，他交给一位女营业员，问："麻烦帮我算算一共要多少钱？"

她讲了个数目，他却发现自己手头上的现金不够，眼看登机的时间就要到了，只好对营业员说："那么，把'亲爱的'这几个字从我的电报中去掉吧，这样钱就够了。"

"不，"那名女营业员一边反对，一边打开自己的手提包掏出钱来，"我来为'亲爱的'这几个字付钱好了，恋人一直渴望从她们的另一半那儿得到这个字眼呢。"

其实，岂止在恋人之间，就算在亲人朋友之间，我们都应该适时地去表达我们的"爱"。

有一个女人，她的脸动过肿瘤手术后，因为有一小段面部神经不得不被割去，造成脸部部分肌肉瘫痪，表情扭曲变形。从此以后，永远是这副样子。

她年轻的丈夫站在病床一旁。两人在昏黄的灯光下，默默对视。

“我的嘴永远都会是这样子吗？”她问医生。

“是的。”医生说。她听后低头不语。

“我喜欢这样子，”她的丈夫说，“亲爱的，孩子也会喜欢你的。”

此刻，丈夫毫不介意外人在场，低头去吻妻子歪扭的嘴。医生站得那么近，看见他也扭曲自己的嘴唇去配合妻子的唇型，表示两人还可以吻得很好。

医生屏住呼吸，不敢出一点儿声，只觉得自己是在目睹一个神圣的场面。

我们能从别人对我们的爱中得到力量，使我们察觉到自己在对方心中不可或缺的存在，从中体会到安全自在的感受。

我们知道自己喜欢被尊重、被爱护的感觉，相对的，我们也应该给予关爱我们的人相同的回报。

爱，拒绝犹豫、观望。唯有勇敢地付诸行动，才有希望撷取它的甘美。许多时候，含蓄的天性，让我们总是不敢说爱，不好意思示爱，却往往错过了爱可以发挥的力量；等到失去了，错过了机会，一切都难再从头开始，难过、失落与伤怀，都很难被抚平。勇敢地将心里的爱表现出来，真心地传达出对对方的支持。让我们成为彼此心灵的后盾，有了这份爱的力量，我们将能更有勇气继续前进，激荡出彼此生命中璀璨的火花。

珍惜缘分吧，它是可遇不可求的精灵

有人说：“在对的时间，遇见对的人，是一生幸福；在对的时间，遇见错的人，是一场心伤；在错的时间，遇见对的人，是一声叹息；在错的时间，遇见错的人，是一段荒唐。”天意弄人，缘起缘灭，为什么最真的人却总碰不到最真的心？想起来让人欲哭无泪。或许爱情就是这样“狡猾”的东西吧，它有时躲在暗处，有时笑眯眯与你迎面走来，未找到爱情的你，左顾右盼却看它不到，遇到爱情的你，又总是瞻前顾后，羞羞答答，信奉“矜持”的教条，或者等待着他会先开口，结果一恍惚间，已是沧海桑田，再回首时，心依旧人已远，空留一腔怅惘在心间！

为什么会是这样呢？原因也许就在于“表露”。很多女孩太追求“意会”，或太固守女孩含蓄的美德，死死不肯流露自己的真心，让男人去猜，等男人来追。可男人是粗心的，你不暗示，他怎如你一般心细如发？就算他很想追你，但世事难料，怎能保证事情不节外生枝，阴错阳差，好事付诸东流？缘分不待人，它来的时候，该抓的一定要抓，不要等到木已成灰，才空自叹息。勇敢地去爱你想爱的那个人，即使是帅哥，你也不要畏缩，大胆地说出来，让他明白你的心意，哪怕被无情拒绝，只要曾经努力过，你就没有什么可遗憾。

有一位美丽、温柔的女孩，身边不乏追求者，但她遇到了漂亮女孩常有的难题：在同样优秀的两个男孩中应该选择谁？锋长得帅气，很开朗很幽默。宇也不错，很善良，只是内向和羞涩，不善表现自己。

在心底，她喜欢宇。但她不知宇对她的爱有多深。于是，她决定等情人节再做出选择。她想，要是宇送来玫瑰，或跟她说“我爱你”，那么，她就选宇。

但是，现实总不能如愿。

情人节那天，送来玫瑰并说“我爱你”的是锋，不是宇。宇只给她送来一只鹦鹉，也没有说什么“我爱你”之类。一直深信缘分的她颇感失望。女友来访，她随手就将那只鹦鹉给了女友。她说，是缘分叫她选择锋。

几个月后，女孩偶遇女友，女友啧啧地说，那只鹦鹉笨死了，一天到晚只会说“我爱你、我爱你”，吵死了！女友说得轻描淡写，于她来说却是一个晴天霹雳，那可是宇送给她的呀！

有时候，缘，如同诗人席慕蓉笔下的《一棵开花的树》那样令人心痛，不可捉摸：

如何让你遇见我
在我最美丽的时刻
为这
我已在佛前求了五百年
求佛让我们结一段尘缘
佛于是把我化作一棵树
长在你必经的路旁
阳光下
慎重地开满了花
朵朵都是我前世的盼望

当你走近
请你细听
那颤抖的叶
是我等待的热情
而当你终于无视地走过
在你身后落了一地的
朋友啊
那不是花瓣
那是我凋零的心

人生之中，你孜孜以求的缘，或许终其一生也得不到，而你不曾期待的缘反而会在你淡泊宁静中不期而至。古语云：“有缘千里来相会，无缘对面不相识。”所谓缘分就是让呼吸者与被呼吸者、爱者与被爱者在阳光下不期而遇。

“十年修得同船渡，百年修得共枕眠。”人世间有多少人能有缘从相许走进相爱，从相爱走完相守，走过这酸甜苦辣、五味俱全的漫漫一生呢？红尘看破了不过是沉浮；生命看破了不过是无常；爱情看破了不过是聚散罢了。

好马也吃“回头草”

一群马来到一片肥沃的草地，草地的这头碧波万顷，草地的那头是茫茫沙漠。马儿们忘乎所以地吃着鲜嫩的青草，觉得这是上天对它们的恩赐，从这头吃到那头。到了另一头，它们发现是一片一望无际的沙漠。这时候，几乎所有的马都惋惜再也吃不到这样好的草了。有的马继续前行，去寻找新的草地，但终究没有走出沙漠；有的马立在原地，誓死不回头；有的马忍不住回头望了望它们吃剩下的青草，但始终没有往回走，它们都是好马，好马不吃回头草啊！只有一匹马，它不想为了做好马而失去生存的机会，于是它轻松地往回走，坦然地吃着回头草。结果其他的好马都死了，只有它活了下来。

也许自然中没有这样的马，但现实中却有这样的人，他们以好马自居，错过了就错过了，失去了就失去了，表面上不在乎，心底里却后悔不已。不是他们不想吃回头草，而是他们不敢吃。所有的问题都归结于一点，那就是面子问题。然而，面子比自己的前途、自己的幸福还要重要吗？

曾经爱你的人也是你爱的人由于误会与你分手了，当你们再一次走到一起的时候，为什么不解开彼此的心结再续前缘呢？你曾经非常热爱的一份工作因为种种原因而失去了，如果你愿意，为什么不回到从前呢？

我们都是“好马”，必要的时候就要吃回头草，因为这个世界上好马很多而回头草很少。

女人有了外遇，要和丈夫离婚。丈夫不同意，女人便整天吵吵闹闹。没有办法，丈夫只好答应妻子的要求。不过，离婚前，他想见见妻子的男朋友。妻子满口答应。第二天一大早，女人便把一个高大英俊的中年男人带回家来。

女人本以为丈夫一见到自己的男朋友必定气势汹汹地讨伐。可丈夫没有，他很有风度地和男人握了握手。然后，他说他很想和她男朋友交谈一下，希望妻子回避。站在门外，女人心里七上八下，生怕两个男人在屋内打起来。然而结果证明，她的担心完全是多余的。几分钟后，两个男人相安无事地走了出来。

送男友回家的路上，女人忍不住问：“我丈夫和你谈了些什么？是不是说我的坏话？”男人一听，停下了脚步，他惋惜地摇摇头说：“你太不了解你丈夫了，就像我不了解你一样！”女人听完，连忙申辩道：“我怎么不了解他，他木讷，缺少情趣，家庭保姆似的简直不像个男人。”“你既然这么了解他，就应该知道他跟我说了些什么。”

“说了些什么？”女人非常想知道丈夫说的话。

“他说你心脏不好，但易暴易怒，结婚后，叫我凡事顺着你；他说你胃不好，但又喜欢吃辣椒，叮嘱我今后劝你少吃一点辣椒。”

“就这些？”女人有点吃惊。

“就这些，没别的。”

听完，女人慢慢低下了头。男人走上前，抚摸着女人的头发，语重心长地说："你丈夫是个好男人，他比我心胸开阔。回去吧，他才是真正值得你依恋的人，他比我和其他男人更懂得怎样爱你。"

说完，男人转过身，毅然离去。

自从这次风波过后，女人再也没提过"离婚"二字，因为她已经明白，她拥有的这份爱，就是世界上最好的那份。

很多事情，因为不了解，我们选择了放弃。可是在明白了事情的原委之后，就应该有勇气追回自己曾经失去的东西。

倘若我们当初离开是因为环境的恶劣，或根本不合自己的胃口，那完全可以义无反顾地选择新的道路，好马不愁没草吃。如果曾经属于我们的那片草地依然旺盛，我们也仍然是"好马"，这最佳的匹配就应该去尝试，草地永远不会拒绝好马，只是看好马敢不敢吃。

如果你是真的好马，又有肥沃的草地在等着你，与其去寻找那片遥不可及的新绿洲，何不低下头，吃一次回头草呢？

守望远方的玫瑰园，却不忘浇灌身旁的花朵

生活中真正的乐趣就是旅行。世界上没有后悔药，生命过去了就不可能重来。与其后悔，为什么当初不好好珍惜呢？寻找生命本真的乐趣，不因任何顾虑而战战兢兢，不为任何流俗而生活压抑，这样在生命的终点，就不会因为突然觉悟而痛悔不已。

一位智者旅行时，曾途经古代一座城池的废墟。岁月已经让这个城池显得满目沧凉了，但依然能辨析出昔日辉煌时的风采。智者想在此休息一下，就随手搬过一个石雕坐下来。

他望着废墟，想象着曾经发生过的故事，不由得感慨万千。

忽然，他听到有人说："先生，你感叹什么呀？"

他四下里望了望，却没有人，他疑惑着。那声音又响起来，是来自那个石雕，原来那是一尊“双面神”神像。

他从未见过双面神，就好奇地问：“你为什么会有两副面孔呢？”

双面神说：“有了两副面孔，我才能一面察看过去，牢牢吸取曾经的教训；另一面又可以瞻望未来，去憧憬无限美好的明天。”

智者说：“过去的只能是现在的逝去，再也无法留住；而未来又是现在的延续，是你现在无法得到的。你不把现在放在眼里，即使你能对过去了如指掌，对未来洞察先知，又有什么意义呢？”

听了智者的话，双面神不由得痛哭起来：“先生啊，听了你的话，我才明白，我今天落得如此下场的根源。

“很久以前，我驻守这座城时，自诩能够一面察看过去，一面又能瞻望未来，却唯独没有好好地把握住现在。结果，这座城池便被敌人攻陷了，美丽的辉煌都成了过眼云烟，我也被人们唾骂而弃于废墟中了。”

我们常常会对自己说“如果我考上理想的大学……”“如果我进了知名的外资企业……”“如果我付清住房的贷款……”“如果我得到提升……”“如果我退休，我就可以永远地享受人生”。

但或迟或早，我们全会明白，生活中根本不存在什么驿站，也没有什么既定的路线。回想昨天，可是昨天已经远去了；想要看到未来，可是未来还没有来到。

其实，生命就像一场旅行，有既定的路线也有路旁美丽的风景。有时候，人太在乎目的本身，一门心思扑入其中，就会忘记生命中还有许多美好的事物同样值得珍惜。等到老去的时候，才惊觉自己只顾着追求和赶路，却从来没有轻松地享受过。这难道不是人生的悲哀吗？任何人的生命都只有一次，任何一秒对于人来说都是弥足珍贵无法再生的。幸福无法“零存整取”，你需要在每分每秒中去体会幸福，而不是把所有的幸福“储存”起来，尝遍了所有的苦再享受幸福。

不为打翻的牛奶哭泣

泰戈尔在《飞鸟集》中写道：“只管走过去，不要逗留着去采下花朵来保存，因为一路上，花朵会继续开放的。”为采集眼前的花朵而花费太多的时间和精力是不值得的，道路还长，前面还有更多的花朵，让我们一路走下去……

1871 年春天，一个年轻人拿起了一本书，看到了一句对他前途有莫大影响的话。他是蒙特瑞综合医科的一名学生，平日对生活充满了忧虑，担心通不过期末考试。

这位年轻的医科学生所看见的那一句话，使他成为当代最有名的医学家，他创建了全世界知名的约翰·霍普金斯学院，成为牛津大学医学院的教授——这是学医的人所能得到的最高荣誉。他还被英国皇帝册封为爵士，他的名字叫作威廉·奥斯勒爵士。

下面就是他所看到的——托马斯·卡莱里所写的一句话：“最重要的就是不要去看远方模糊的事，而要做手边清楚的事。”

四十年后，威廉·奥斯勒爵士在耶鲁大学发表了演讲，他对那些学生们说，人们传言说他拥有“特殊的头脑”，但其实不然，他周围的一些好朋友都知道，他的脑筋其实是“最普通不过了”。

那么他成功的秘诀是什么呢？他认为这无非是因为他活在所谓“一个完全独立的今天里”。在他到耶鲁演讲的前一个月，他曾乘坐着一艘很大的海轮横渡大西洋，一天，他看见船长站在船舱里，揿下一个按钮，发出一阵机械运转的声音，船的几个部分就立刻彼此隔绝开来——隔成几个完全防水的隔舱。

“你们每一个人，”奥斯勒爵士说，“都要比那条大海轮精美得多，所要走的航程也要远得多，我要奉劝各位的是，你们也要学船长的样子控制一切，活在一个完全独立的今天，这才是航程中确保安全的最好方法。你有的是今天，断开过去，把已经过去的埋葬掉。断开那些会把傻子引上死亡之路的昨天，把明日紧紧地关在门外。未来就在今天，没有明天这个东西。精力的浪费、精神的苦闷，都会紧紧跟着一个为未来担忧的人。养成一个好习惯，那就是生活在一个完全独立的今天里。”

奥斯勒博士接着说道：“为明日准备的最好办法，就是要集中你所有的智慧、所有的热忱，把今天的工作做得尽善尽美，这就是你能应付未来的唯一方法。”

奥斯勒博士的话值得我们每个人珍视。其实，人生的一切成就都是由你“今天”的成就累积起来的，老想着昨天和明天，你的“今天”就永远没有成果。只有珍惜今天，你才能有好的未来！

莎士比亚说过：“明智的人永远不会坐在那里为他们的损失而悲伤，却会很高兴地去找出办法来弥补他们的创伤。”成功学大师拿破仑·希尔说：“当我读历史和传记并观察一般人如何度过艰苦的处境时，我一直既觉得吃惊，又羡慕那些能够把他们的忧虑和不幸忘掉并继续过快乐生活的人。”

无论你昨天过得有多糟糕，无论你今天有多懊恼，都无法回到过去了。一百个理由，一千种借口，也于事无补。

第二节
快乐不在于拥有的多，而在于计较的少

因为不争，所以天下没有人能与之争

生活中经常有些人，无理争三分，得理不让人，小肚鸡肠。相反，有些人真理在握，不声不响，得理也让三分，显得态度柔顺，君子风度。假如是重大的或重要的是非问题，自然应当不失原则地争出个青红皂白，甚至为追求真理献身。但在日常生活中，有些人往往为一些鸡毛蒜皮的小问题争得面红耳赤，谁也不让谁，较起真来，以致非得决一雌雄才算罢休，甚至大打出手，或闹个不欢而散，影响团结。越是这样的人越被人瞧不顺眼。时下流行一句话叫“玩深沉”，其实这种场合玩点深沉正显示了宽宏大量的风度。

争强好胜者未必掌握真理，而谦和的人，原本就把出人头地看得很淡，更不屑一点小是小非的争论，这根本不值得称雄。越是你有理，越表现得谦和，往往越能显示一个人胸襟坦荡，修养深厚。

麦金利任美国总统时，特派某人为税务主任，但为许多政客所反对，他们派遣代表进谒总统，要求总统说出派那个人为税务主任的理由。为首的是一位国会议员，他身材矮小，脾气暴躁，说话粗声恶气，开口就给总统一顿难堪的讥骂。如果换成别人，也许早已气得暴跳如雷，但是麦金利却视若无睹，不吭一声，任凭他骂得声嘶力竭，然后才用极温和的口气说：“你现在怒气应该可以平和了吧？照理你是没有权利这样责骂我的，但是，现在我仍愿详细解释给你听。”

这几句话把那位议员说得羞惭万分，但是总统不等他道歉，便和颜悦色地说：“其实我也不能怪你。因为我想任何不明究竟的人，都会大怒若狂。”接着他把任命理由解释清楚了。

不等麦金利总统解释完，那位议员已被他的大度折服。他懊悔不该用这样恶劣的态度责备一位和善的总统，他满脑子都在想自己的错。因此，当他回去报告抗议的经过时，他只摇摇头说：“我记不清总统的解释，但有一点可以报告，那就是——总统并没有错。”

无疑，在这次交锋中，麦金利占了上风。为什么他能占上风？就是因为他的宽宏大量。

做人首先是要有一颗博大的心，这颗心的格局要大。心的格局有多大，人生的成就才有多大。不是有“海纳百川，有容乃大”这句话吗？这句话被许多人看成自己做人的准则，麦金利就是其中之一。

心的大格局是一种人格的伟大。明代朱衮在《观微子》中说过：“君子忍人所不能忍，容人所不能容，处人所不能处。”法国作家雨果说：“世界上最大的是海洋，比海洋大的是天空，比天空大的是胸怀。”

在事业上建功立业、取得成就的，绝非是那些胸襟狭窄、小肚鸡肠、谨小慎微之人，而是那些如麦金利般襟怀坦荡、宽宏大量、豁达大度者。

老子说：“夫唯不争，故天下莫能与之争。”只要有一种看透一切的格局，就能做到豁达大度；把一切都看作“没什么”，才能在慌乱时，从容自如；忧愁时，增添几许欢乐；艰难时，顽强拼搏；得意时，言行如常；胜利时，不醉不昏。只有如此放得开的人，才是豁达大度之人。

不管什么是非都去计较的话，你一辈子就没有办法生活了。在我们生活的社会里，许多事情，尤其是小事情，如果看开一些，自己的心胸就宽大。

一个人思虑太多，就会失去做人的乐趣

人生就好像是在观赏风景，如果你总是着眼于小处，那么你就领略不到大范围的庞大和优美。所以，在生活中，如果我们总是拘泥于小处，为了无数的小事而烦忧，那么我们就会忘记了人生最初的方向，失去了快乐也丢了情趣。

有一个年轻的主妇向自己的朋友抱怨自己的工作如此“单调乏味”。她举例说，她刚刚铺好床，床马上就被弄乱了；刚刚洗好碗碟，碗碟马上就被用脏了；刚刚擦净了地板，地板马上就被弄得乱七八糟。她说：“你刚刚把这些事做好，马上就会被人弄得像是未曾做过一样。”她进一步抱怨道：“再这样下去，我简直要发疯！”

年轻主妇的朋友是一位相当聪明的人，他不动声色地说：“这真是令人扫兴。有没有妇女喜欢家务劳动？”

她说：“啊，有的，我想是有的。”

这位朋友又问：“她们在家务劳动中有没有发现什么使得她们感到有趣、保持热情的东西呢？”

主妇思考了片刻回答道：“也许在于她们的态度。她们似乎并不认为她们的工作是负担，而看见了超越日常工作的什么东西。”

琐碎的日常生活中，每天都会有很多事情发生，如果你一直计较这些已经发生的事情，不停地抱怨、不断地自责，这样下去，你的心境就会越来越沮丧。一个只知道计较的人，注定会活在迷离混沌的状态中，看不见前头亮着一片明朗的天空。

有时候，人生就是这样的，你坦然面对，会突然发现原来的事情都不算什么了，就像俗语所说的："思虑太多就会失去做人的乐趣。"所以，要学会控制自己的情绪，跟家人和朋友一起，享受坦然的生活，追逐自然的幸福。

要拿得起更要能放得下

一位少年背着一个砂锅赶路，不小心绳子断了，砂锅掉到地上摔碎了。少年头也不回地继续向前走。路人喊住少年问："你不知道你的砂锅摔碎了吗？"少年回答："知道。"路人又问："那为什么不回头看看？"少年说："既然碎了，回头有什么用？"说完，他又继续赶路。

故事中的少年是明智的，既然砂锅都碎了，回头看又有什么用呢？

人生中的许多失败也是同样的，已经无法挽回，惋惜悔恨于事无补，与其在痛苦中挣扎浪费时间，还不如重新找一个目标，再一次奋发努力。

人的一生，需要我们放下的东西很多。孟子说，鱼与熊掌不可兼得，如果不是我们应该拥有的，就果断抛弃吧。几十年的人生旅途，有所得，亦会有所失，只有适时放下，才能拥有一份成熟，才会活得更加充实、坦然和轻松。

但是，在现实生活中，许多人放不下的事情实在太多了。比如做了错事，说了错话，受到上司和同事的指责，或者好心却让人误解，于是，心里总有个结解不开……总之，有的人就是这也放不下，那也放不下；想这想那，愁这愁那；心事不断，愁肠百结，结果损害了自身的健康和寿命。有的人之所以感觉活得很累，无精打采，未老先衰，就是因为习惯于将一些事情吊在心里放不下来，结果把自己折腾得既疲劳又苍老。其实，简单地说，让人放不下的事情大多是在财、情、名这几个方面。想透了，想开了，也就看淡了，自然就放得下了。

人们常说："举得起、放得下的是举重，举得起、放不下的叫作负重。"为了前面的掌声和鲜花，学会放弃吧。放弃之后，你会发现，原来你的人生之路也可以变得轻松和愉快。

生活有时会逼迫你不得不交出权力，不得不放走机遇。然而，有时放弃并不意味着失去，反而可能因此获得。要想采一束清新的山花，就得放弃城市的舒适；要想做一名登山健儿，就得放弃娇嫩白净的肤色；要想穿越沙漠，就得放弃咖啡和可乐；要想拥有简单的生活，就得放弃眼前的虚荣；要想在深海中收获满船鱼虾，就得放弃安全的港湾。

今天的放弃，是为了明天的得到。干大事业者不会计较一时的得失，他们都知道如何放弃、放弃些什么。一个人倘若将一生的所得都背负在身，那么纵使他有一副钢筋铁骨，也会被压倒在地。昨天的辉煌不能代表今天，更不能代表明天。

我们应该学会放弃：放弃失恋带来的痛楚，放弃屈辱留下的仇恨，放弃心中所有难言的负荷，放弃耗费精力的争吵，放弃没完没了的解释，放弃对权力的角逐，放弃对金钱的贪欲，放弃对虚名的争夺……凡是次要的、枝节的、多余的、该放弃的，都应放弃。

放弃，是一种格局，是我们发展的必由之路。漫漫人生路，只有学会放弃，才能轻装前进，才能不断有所收获。

博大的心量可以稀释一切痛苦烦扰

从前有座山，山里有座庙，庙里有个年轻的小和尚，他过得很不快乐，整天为了一些鸡毛蒜皮的小事唉声叹气。后来，他对师父说："师父啊，我总是烦恼，爱生气，请您开示开示我吧！"

老和尚说："你先去集市买一袋盐。"

小和尚买回来后，老和尚吩咐道："你抓一把盐放入一杯水中，待盐溶化后，喝上一口。"

小和尚喝完后，老和尚问："味道如何？"

小和尚皱着眉头答道："又咸又苦。"

然后，老和尚又带着小和尚来到湖边，吩咐道："你把剩下的盐撒进湖里，再尝尝湖水。"

弟子撒完盐，弯腰捧起湖水尝了尝，老和尚问道："什么味道？"

"纯净甜美。"小和尚答道。

"尝到咸味了吗？"老和尚又问。

"没有。"小和尚答道。

老和尚点了点头，微笑着对小和尚说道："生命中的痛苦就像盐的咸味，我们所能感受和体验的程度，取决于我们将它放在多大的容器里。"小和尚若有所悟。

老和尚所说的容器，其实就是我们的心量，它的"容量"决定了痛苦的浓淡，心量越大烦恼越轻，心量越小烦恼越重。心量小的人，容不得，忍不得，受不得，装不下大格局。有成就的人，往往也是心量宽广的人，看那些"心包太虚，量周沙界"的古圣大德，都为人类留下了丰富而宝贵的物质财富和精神财富。

其实，我们每个人一生中总会遇到许多盐粒似的痛苦，它们在苍白的心空下泛着清冷的白光，如果你的容器有限，就和不快乐的小和尚一样，只能尝到又咸又苦的盐水。

一个人的心量有多大，他的成就就有多大，不为一己之利去争、去斗、去夺，扫除报复之心和嫉妒之念，则心胸广阔天地宽。当你能把虚空宇宙都包容在心中时，你的心量自然就能如同天空一样广大。无论荣辱悲喜、成败冷暖，只要心量放大，自然能做到风雨不惊。

寒山曾问拾得：“世间有人谤我、欺我、辱我、笑我、轻我、贱我、骗我，如何处之？”

拾得答道：“只要忍他、让他、避他、由他、耐他、敬他、不理他，再过几年，你且看他。”

如果说生命中的痛苦是无法自控的，那么我们唯有拓宽自己的心量，才能获得人生的愉悦。通过内心的调整去适应、去承受必须经历的苦难，从苦涩中体味心量是否足够宽广，从忍耐中感悟暗夜中的成长。

心量是一个可开合的容器，当我们只顾自己的私欲，它就会愈缩愈小；当我们能站在别人的立场上考虑，它又会渐渐舒展开来。若事事斤斤计较，便把自身局限在一个很小的框框里。这种处世心态，既轻薄了自身的能力，又轻薄了自己的品格。

心量是大还是小，在于自己愿不愿意敞开。一念之差，心的格局便不一样，它可以大如宇宙，也可以小如微尘。我们的心，要和海一样，任何大江小溪都要容纳；要和云一样，任何天涯海角都愿遨游；要和山一样，任何飞禽走兽，都不排拒；要和路一样，任何脚印车轨，都能承担。这样，我们才不会因一些小事而心绪不宁、烦躁苦闷！

把心打开吧，用更宽阔的心量来经营未来，你将拥有一个别样的人生！

凡事不能太较真

有一句著名的话叫作“唯大英雄能本色”，做人在总体上、大方向上讲原则，讲规矩，但也不排除在特定的条件下灵活变通。

美国教育专家戴尔·卡耐基可以说是处理人际关系的“老手”，然而他在年轻时，也曾犯过小错误。有一天晚上，卡耐基参加一个宴会。宴席中，坐在他右边的一位先生讲了一段幽默故事，并引用了一句话，那位健谈的先生提到，他所引用的那句话出自《圣经》。然而，卡耐基发现他说错了，他很肯定地知道出处，一点疑问也没有。为了表现优越感，卡耐基认真又讨嫌地纠正了过来。那位先生立刻反唇相讥：“什么？出自莎士比亚？不可能！绝对不可能！”卡耐基的话使那位先生一时下不来台，不禁有些恼怒。

当时卡耐基的老朋友法兰克·葛孟就坐在他的身边。葛孟研究莎士比亚的著作已有多年，于是卡耐基向他求证。葛孟在桌下踢了卡耐基一脚，然后说：“戴尔，你错了，这位先生是对的。这句话出自《圣经》。”那晚回家的路上，卡耐基对葛孟说：“法兰克，你明明知道那句话出自莎士比亚。”“是的，当然。”葛孟回答，“在《哈姆雷特》第五幕第二场。可是亲爱的戴尔，为了那么一点小事就和别人较起劲来，值得吗？再说，我们是宴会上的客人，为什么要证明他错了？那样会使他喜欢你吗？他并没有征求你的意见，为什么不保留他的脸面而非要说出实话得罪他呢？”

法兰克所说的道理人人皆知，但并非人人都能做到。正如他所说，一些无关紧要的小错误，放过去无伤大局，那就没有必要去纠正它。这不仅是为了自己避免不必要的烦恼和人事纠纷，而且也顾到了对方的名誉，不致给别人带来无谓的烦恼。这样做并非只是明哲保身，而是为了体现为人的大度。

人们常说：“凡事不能太较真。”一件事情是否该认真，这要视场合而定。钻研学问要讲究认真，面对大是大非的问题更要讲究认真。而对于一些无关大局的琐事，不必太认真。不看对象、不分地点刻板地认真，往往使自己处于尴尬的境地，处处被动受阻。每当这时，如果能理智地后退一步，往往能化险为夷。

与人相处，你敬我一尺，我敬你一丈；有一分退让，就有一分收益。相反，存一分骄躁，就多一分挫败；占一分便宜，就招一次灾祸。

当你心胸宽广的时候，对于那些蝇营狗苟、一副小家子气的人，就会觉得他的表演实在可笑。但是，凡人都有自尊心，有的人自尊心特别强烈和敏感，因而也就特别脆弱，稍有刺激就有反应，轻则板起脸孔，重则马上还击，结果常常是为了争面子反而没面子。多一点宽容退让之心，我们的路就会越走越宽，朋友也就越交越多了，生活也会更加甜美。所以，要想成为一个成功的人，我们千万不能处处斤斤计较。

认真需要我们去仔细权衡。许多非原则的事情不必过分纠缠计较，凡事都较真常会得罪人，给自己多设置一条障碍。鸡毛蒜皮的烦琐无须认真，无关大局的枝节无须认真，剑拔弩张的僵持则更不能认真。

不妨做个“糊涂”的人

很多年轻人缺少生活的历练，却对生活要求太高，任何事情都想要一个结果：朋友为什么会给自己“穿小鞋”？男（女）友在外面交了些什么朋友？上司对某个同事为什么比对自己好？但生活中的是是非非很多，我们无法对每件事都做一个清楚的交代。

这些看似聪明的人其实都很愚蠢。他们总被生活牵着走，为了一点小事，就会歇斯底里，这种人对生活中的任何事情都抱着紧张的态度，无疑要承受比别人多很多的压力。但如果能够“糊涂”一些，这些人就会远离很多烦恼，活得更加快乐。

某家政学校的最后一门课是《婚姻的经营和创意》，主讲老师是学校特地聘请的一位研究婚姻问题的教授。他走进教室，把随手携带的一叠图表挂在黑板上，然后，他掀开挂图，上面用毛笔写着一行字：

婚姻的成功取决于两点：一是找个好人；二是自己做一个好人。

“就这么简单，至于其他的秘诀，我认为如果不是江湖偏方，也至少是些老生常谈。”教授说。

这时台下窃窃私语，因为下面有许多学生是已婚人士。不一会儿，终于有一位30多岁的女子站了起来，说：“如果这两条没有做到呢？”

教授翻开挂图的第二张，说：“那就变成4条了。”

1. 容忍，帮助，帮助不好仍然容忍。

2. 使容忍变成一种习惯。

3. 在习惯中养成傻瓜的品性。

4. 做傻瓜，并永远做下去。

教授还未把这4条念完，台下就喧哗起来，有的说不行，有的说这根本做不到。等大家静下来，教授说：“如果这4条做不到，你又想有一个稳固的婚姻，那你就得做到以下16条。”

接着教授翻开第三张挂图。

1. 不同时发脾气。

2. 除非有紧急事件，否则不要大声吼叫。

3. 争执时，让对方赢。

……　……

教授念完，有些人笑了，有些人则叹起气来。教授听了一会儿，说：“如果大家对这16条感到失望的话，那你只有做好下面的256

条了，总之，两个人相处的理论是一个几何级数理论，它总是在前面那个数字的基础上进行二次方。”

接着教授翻开挂图的第四页，这一页已不再是用毛笔书写，而是用钢笔，256条，密密麻麻。教授说：“婚姻到这一地步就已经很危险了。”这时台下的喧哗声更大了。

生活原本就是简单的，是我们自己太过计较了，所以变得越来越复杂。太过计较的人总是追着幸福跑，用尽全力也抓不住飘忽不定、转瞬即逝的幸福。每跨出一步，前面意味着什么，得到什么或失去什么，人未动心已远，何止一个“累”字了得。

不要太过计较，糊涂一番又何妨？只有想得开，放得下，朝前看，才有可能从琐事的纠缠中超脱出来。假如对生活中发生的每件事都寻根究底，去问一个为什么，那实在既无好处，又无必要，而且破坏了生活的诗意。

小事缠身，不要斤斤计较

两千多年前，雅典政治家伯利克里曾经给人类说过一句忠言：“请注意啊，先生们，我们太多地纠缠于一些小事了！”这句话，对今天的人们来说仍然值得品味和借鉴。

说句老实话，对于一般人来说，生活就是由无数的小事组合而成的，甚至对那些大人物来说也是如此。每个人的生活中，小事都是无处不在、无时不有的，如果你过多地拘泥、计较小事，那么人生就根本没有什么乐趣可言了，触目所及的必然都是矛盾和冲突。

想一想，你挤公共汽车时，有人不小心踩了你的脚；你去买菜时，有人无意间弄脏了你的裙子；有时走在路上，说不定从道旁楼上落下一个纸团，打在你头上……此时此刻，如果你不是大事化小，小事化了，而是口出污言秽语，大发雷霆之怒，说不定会闹出什么祸事来。

20 世纪 80 年代末，在辽宁某地曾经发生过这样一件事：有一个年轻女子在看电影时，被后面的男观众无意间碰了一下脚，尽管男观众当面道歉，但那名女子仍然不依不饶。她硬说对方是耍流氓，竟然回家叫来丈夫将那个人用刀砍伤解气。结果，因触犯刑律，夫妻俩双双锒铛入狱。

在小事上斤斤计较，常常成为损害人际关系的一大诱因。这种悲剧不仅在平常人身上屡见不鲜，就是在一些卓有成就的名人身上也时有发生。

从医学的观点看，事事计较、精于算计的人，不但容易损害人际关系，而且对自己的身体也极其有害。《红楼梦》里的林黛玉，虽有闭月羞花、沉鱼落雁的美丽容貌，可总是患得患失，别人一句无意的话都会让她辗转反侧，难于入眠，抑郁不已，再加上爱情的打击，终于落得个“红颜薄命”的悲惨结局。

还有一个实际的例子，就是唐代有一位著名的诗人李贺。他思路敏捷，才华过人，被人称为“奇才”，写出的诗连当时的大文豪韩愈也赞不绝口。只可惜他心胸狭窄，常为一些芝麻绿豆大的小事而郁郁寡欢，愁肠百结。最后他只活了短暂的 27 岁，这成为文学史上的一桩憾事。

古语云：“让一让，三尺巷。”人生之事，只要不是原则性的大事，得过且过又何妨？人活在世上，理应开朗、豁达，活得超脱一些；凡事斤斤计较，只是徒增烦恼罢了。

能够获得成功的人，无不是“小事糊涂，大事计较”的人。可是，只要我们认真观察那些计较小事的人，就会发现他们往往是“大事糊涂”的。很明显，人的精力和时间都是有限的，如果对小事计较得过多，那么对大事的注意力和处理能力必然淡化，甚至根本无暇顾及了。

通常，喜欢计较小事的人往往私心都是比较重的，他们过多地考虑个人的得失，如面子、利益、地位等，而这些东西又最容易使人动感情。因此，对小事过于认真的人往往容易冲动，一旦感情代替理智，就会不顾后果和影响，不考虑别人的接受程度。如此一来，就会影响正常的人际关系，在社会上失去他人的理解和同情。

生活的烦恼，一笑了之

1945 年 3 月，罗勒·摩尔和其他 87 位军人在贝雅 S·S318 号潜艇上。当时雷达发现有一艘驱逐舰队正往他们的方向开来，于是他们就向其中的一艘驱逐舰发射了三枚鱼雷，但都没有击中。这艘舰也没有发现。但当他们准备攻击另一艘布雷舰的时候，它突然掉头向潜艇开来，可能是一架日本飞机看见这艘 60 英尺深的潜艇，用无线电告诉这艘布雷舰。

他们立刻潜到 150 英尺地方，以免被日方探测到，同时也准备应付深水炸弹。他们在所有的船盖上多加了几层栓子。3 分钟之后，突然天崩地裂。6 枚深水炸弹在他们的四周爆炸，他们直往水底——深达 276 米的地方，他们都吓坏了。

按常识，如果潜水艇在不到 500 英尺的地方受到攻击，深水炸弹在离它 17 英尺之内爆炸的话，差不多是在劫难逃。罗勒·摩尔吓得不敢呼吸，他在想："这回完蛋了。"在电扇和空调系统关闭之后，潜艇的温度升到近 40 度，但摩尔却全身发冷，牙齿打战，身冒冷汗。15 小时之后，攻击停止了，显然那艘布雷舰的炸弹用光以后就离开了。

这15小时的攻击，对摩尔来说，就像有1500年。他过去所有的生活都一一浮现在眼前，他想到了以前所干的坏事，所有他曾担心过的一些很无聊的小事。他曾经为工作时间长、薪水太少、没有多少机会升迁而发愁；他也曾经为没有办法买自己的房子，没有钱买部新车子，没有钱给妻子买好衣服而忧虑；他非常讨厌自己的老板，因为这位老板常给他制造麻烦；他还记得每晚回家的时候，自己总感到非常疲倦和难过，常常跟自己的妻子为一点小事吵架；他也为自己额头上的一块小疤发愁过。

摩尔说："多年以来，那些令人发愁的事看来都是大事，可是在深水炸弹威胁着要把他送上西天的时候，这些事情又是多么荒唐、渺小。"就在那时候，他向自己发誓，如果他还有机会见到太阳和星星的话，就永远永远不会再忧虑。他在潜艇里那可怕的15小时中所收获的，比他在大学读了4年书所学到的要多得多。

我们可以相信一句话：要解决一切困难是一个美丽的梦想，但任何困难都是可以解决的。矛盾和痛苦总是在与那些处在痛苦中的人玩游戏。转换看问题的视角，就是不能用一种方式去看所有的问题和问题的所有方面。如果那样，你肯定会钻进一条死胡同，处在混乱的矛盾中不能自拔。

第三节
有些伤心是可以避免的

好朋友也应该保持距离

孔子说过：晏平仲善交朋友的方式很好，越是相处得久就越是受人尊敬。

孔子对于晏子非常佩服的一点，该算是晏子交朋友的态度了。孔子认为晏子是个不轻易与别人交朋友的人，可是一旦交了一个朋友，那个朋友就会始终如一地跟随他。现在，每每总有人感叹：“相识遍天下，知心能几人？”晏子交友，能够让朋友始终如一地跟随自己。那晏子让友谊“地久天长”的法宝是什么呢？“久而敬之”。也就是说，交往时间越久，交情越深，晏子对人就越恭敬有礼，对方因此也就越敬重他。

这些道理听起来似乎很简单，但做起来很困难。因为对于关系亲密的朋友来说，多数情况下，言谈举止就很随便；遇到心情不好的时候，又会直言不讳地对着密友发泄一番；有的人甚至和朋友财物不分，营造出一个有福同享、有难同当的局面。这种状况看起来像是温馨和谐的，但是你也要注意，朋友之间再熟悉、再相投，也不能过于随便，不恭不敬，否则，友谊必不会长久。

每个人都是独立的，需要自己的空间，也需要获得别人的尊敬。如果你对他不尊敬，有时或许只是一件小事或是一个小细节，也会给日后埋下破坏的种子。所以，与朋友相交，不必与之整天缠在一起，要给朋友留有自己的空间。

著名寓言家克雷洛夫写过一则题为《小树林和火》的寓言。一个冬天的早晨，一团快要熄灭的火苗，跟小树林攀谈。它甜言蜜语地对小树林说："跟我做个朋友吧！"火苗自吹它是太阳的兄弟，能够给小树林带来温暖，可以使小树林在冬天保持春夏季节的翠绿。小树林信以为真，上当受骗，与火苗交上了朋友，为火苗添上了燃料。火苗得到燃料，变成熊熊大火。火焰飞上了大小树枝，浓烟成团成团地冲上了天空，很快，凶暴的大火把小树林统统烧光了。

此外，与朋友相处，还要注意把握住与朋友交往的距离。孔子曾说"唯女子与小人难养也"，对她太爱护、太亲近了，她就会恃宠而骄，让你无所适从；如果疏远她，又会招来怨恨。"近则不逊，远之则怨"，在与朋友交往过程中要懂得保持距离。距离产生美，距离也能保证安全。我们常用"亲密无间"来形容两人之间的感情，但是很难有人能够永远亲密无间。

《百年孤独》的作家马尔克斯，就曾因为与好友来往过密，最后引发了一场误会。诺贝尔文学奖得主加夫列尔·加西亚·马尔克斯与著名作家马里奥·巴尔加斯·略萨本为知己。他们都曾住在西班牙巴塞罗那，两家人交往甚密。马尔克斯是略萨二儿子的教父。他们之间的深厚友情曾在文坛传为佳话。

1976年，拉美一些文学家和知识分子在墨西哥城出席一部电影的首映式。首映式后，马尔克斯走过去拥抱他的好朋友略萨。马尔克斯口里正叫着"马里奥"走上前去，迎接他的却是"犀利的耳光"。略萨大喊着说："你在巴塞罗那对帕特里夏做了那种事，还敢来见我！"帕特里夏是略萨的妻子。

两个家庭缘何闹翻，只有他们自己清楚。传言说略萨的妻子帕特里夏曾到马尔克斯家诉苦。马尔克斯建议她离婚。之后略萨与妻子和好，得知“这该死的建议”，于是挥出那记耳光。之后，两人不再说话，停止了交往，而且还走上了两条截然不同的道路。

终结马尔克斯与略萨友谊的，正是来往过于频繁。他们是文坛上的知己，却不是生活中的好伙伴。人生的路途上难免中途停车或者减速，如果想要让我们的友情更加长久和健康，就请保持一个安全距离吧。

宽容对待做错了事的朋友

哲人说，没有宽容就没有友谊，没有善待就没有朋友。宽容和理解是一种力量，是朋友之间的桥梁和阳光。

有这样一个故事：

在“二战”期间，一支部队在森林中与敌军相遇，发生激战。最后两名来自同一个小镇的战士与部队失去了联系。两人在森林中艰难跋涉，互相鼓励、安慰。半个月过去了，他们仍未与部队联系上，幸运的是，他们打死了一只鹿，依靠鹿肉又可以艰难度过几日了。然而，这以后他们再也没看到任何动物。仅剩下的一些鹿肉，背在年轻战士的身上。

这一天他们在森林中遇到了敌人，经过再一次激战，两人巧妙地避开了敌人。就在他们自以为已安全时，只听到一声枪响，走在前面的年轻战士中了一枪，幸亏只是打在肩膀上。后面的战友惶恐地跑了过来，他害怕得语无伦次，抱起战友的身体泪流不止，赶忙把自己的衬衣撕下包扎战友的伤口。

到了晚上，未受伤的战士一直念叨着母亲，两眼直勾勾地。两人都以为他们的生命即将结束，身边的鹿肉谁也没动。天亮后，部队救出了他们。

30年过去了，那位受伤的战士说：“我知道是谁开的那一枪，他就是我的战友。他去年去世了。在他抱住我时，我碰到了他发热的枪管，但当晚我就宽恕了他。我知道他想独吞我身上带的鹿肉活下来，但我也知道他活下来是为了他的母亲。30年了，我装着根本不知道此事，也从不提及。战争太残酷了，他母亲还是没有等到他回来，我和他一起祭奠了老人家。他跪下来，请求我原谅他，我没让他说下去。我们又做了二十几年的朋友，我没有理由不宽恕他。”（侵权勿用）

一个人拥有宽容，生命就会多一份空间，多一份爱心。朋友难免有缺陷和过错，理解、宽容是解除痛苦和矛盾的最佳良药，能升华友谊，使之更高洁、更纯净。

也许生活中确实存在很多矛盾和困难，物价上涨，住房拥挤，人际关系紧张，还有这个“难”，那个“难”，真让人有点儿喘不过气来。诅咒、谩骂、生闷气都无济于事，倒给疲惫的身躯又增加了几分新的负担。

只要冷静观察，就会发现，人们的生活本来就是苦、辣、酸、甜、咸五味俱全。在生活中，我们看不惯的很多，理解不了的也很多，失望的也很多。但人的能力毕竟是有限的，愤世嫉俗不会改变事态的发展，不会使关系缓和。

所以，我们要学会让自己保持一种恬淡、安静的心态，去做自己应该做的事情。整日为一些闲言碎语、磕磕碰碰的事情郁闷、恼火、生气，总去找人诉说，与对方辩解，甚至总想变本加厉地去报复，这将会贻误自己的事业，失去更多美好的东西。

要想在这个社会中活得舒心、自在一些，就必须收敛自己的锋芒，抛开好胜和计较的狭窄心胸，对于世事和人都多一些豁达大度，笑对人生。有时一个微笑、一句幽默就能化解人与人之间的怨恨和矛盾，填平感情的沟壑。

所以说，宽容是对别人的谅解，对自己的考验。为人宽容，我们就能解人之难，补人之过，扬人之长，谅人之短，从而赢得永久的友谊。

爱情要有激情，更要有理性

爱情是一种激情，而婚姻则是一种理性，缺少爱情就没有完美的婚姻，而爱情只产生快乐，婚姻则产生人生，快乐消失了，婚姻依旧存在。真正成熟而稳定的婚姻，必须考虑到两性结合后的感情发展，而在现实生活中却出现了这样一幅匪夷所思的图景：

2 秒钟可以冲好一杯速溶咖啡；2 分钟可以把牙刷完；2 小时可以看完一场精彩的足球比赛……在有限的时间内，想知道有人在做什么吗？闪婚一族说："2 秒钟可以爱上一个人；2 分钟可以谈一场恋爱；2 小时可以确定终身伴侣。"在如今这个一切都讲求速度的年代，原本给人以温馨、甜蜜、幸福的婚姻，就这样搭上了特快列车。闪婚，这一新的婚姻模式已在现代都市中悄然流行，而这些"闪婚族"们由于没有经过婚前的磨合期，缺乏免疫力，就很容易被残酷的现实所击倒。

与传统社会相比，现在是一个资讯非常发达的时代，广泛的人际交往使情感火花碰撞的空间变得无限，但外在诱惑对情感的威胁也加大了。闪婚一族多为年轻人，他们追求的大多是瞬间爆发的激情，即所谓的一见钟情。但瞬间的激情往往掩盖了双方的某些缺点，婚姻是现实的，当尘埃落定后这些缺点就会暴露无遗。在外在和内在的双重压力下，磨合不好的结果就是婚姻走向解体。

对于一个人来说，情感投入是一生中最重要的投入，一个婚姻关系的缔结，不仅仅代表两个个体的结合，更连接了两个家庭及各种社会关系。婚姻所带来的影响是非常大的，即使婚姻关系解除仍有许多问题存在。闪婚不可取，闪婚不可能做到来无影去无踪，选一个人过一段与过一辈子是不一样的，投入的精力也是不一样的，所以结婚时一定要慎重。

现今社会快节奏的生活，给人带来的压力大了，让人的心灵脆弱了，很多时候会盲目地寻求感情的慰藉，像吃快餐一样，饱了就行，营养的事就顾不得了，而婚姻恰恰是需要营养的。这个营养不是一蹴而就的，而是日积月累磨合出来的。这个磨合不仅在婚后，也有婚前的磨合，那就是了解。婚姻不是男女之间的游戏，不是一般意义上的普通朋友，两人一旦缔结婚姻就要承担生育、相互扶持、相互照顾等责任。基于此，不要轻易尝试闪婚。

据专家统计，一见钟情的婚姻成功率仅10%。同时，闪婚也不符合婚姻的基本规律。爱是婚姻的基石，爱需要双方深入了解。目前随着社会的快速发展，快餐式的爱情和婚姻会将婚姻家庭卷入缺乏理性的旋涡。婚姻的成功和稳定，需要感性、理性双轨发展，爱情列车才能行驶得稳定持久。不能只凭激情和感觉开单轨的磁悬浮，否则你的婚姻列车势必会脱轨。

抱怨抓不紧对方不如给他自由

人人都渴望美满的爱情，但是现实总是那么残酷，不断地打碎人们的美梦。自以为找到了爱情，实际上却是陷入了爱的陷阱。很多人无力自拔，一生都在痛苦和心力交瘁中度过。其实，只要你勇敢一点，改变自己，就能走出这个陷阱。

人生原本如月季花一般灿烂，如流星一般闪烁；该追求时就追求，该参与时就参与，该苦恼时就苦恼，该放弃时就放弃……即便是没有开出绚丽的花朵、结出甜美的果实；即便在瞬间化成尘埃，今生今世，也决无遗憾。

是的，我们需要家庭和朋友，这样能够减少我们的孤独感，让我们感觉到安全，但有些时候，人们之间已经没有爱了，却为了逃避寂寞而紧紧地纠缠在一起，最终给自己徒增许多的烦恼。

所以，当爱人和朋友带给你的痛苦多于欢乐时，你应该勇敢地结束和他(她)的关系。一个人退出另一个人的生活,是很平常的事，只有果断地放弃，才能有时间和精力去寻求属于自己的幸福。

一对性格不合的夫妇,丈夫8次提出离婚,而妻子就是死活不离。在法院判决中，女方总是胜诉，就这样一直拖了29年。29年的岁月过去了，这位妇女的青春年华在拖延不决中消失了，乌黑的头发已成白发，红润的脸颊变黄了，刻上了一道道岁月的痕迹，身体也被折磨得浑身病痛。

由于妻子的坚持，婚姻仍然存在，然而爱情早已荡然无存。她失去了幸福的家庭，失去了自己的青春，失去了健康的身体，失去了再婚的机会，孩子也没有因此追回父爱。

结果，法院还是判离了。离婚后不到两年，这位不幸的妇女就因病情加重而离开了人世。这位妇女的一生都是悲惨和不幸的，然而她的不幸多是因为自己不肯学会放手，即便对方已经对她没有一点留恋，她还认为自己对他是有爱的，所以不会离婚。而这样，痛苦的却是两个人。

所以，有时会爱也要学会放弃。我们越是害怕抓不住对方，就越可能失去。所以与其一直在恐惧和抱怨中渴望用爱捆住对方，莫不如让他带着爱自由飞翔。要知道，爱需要自由的空间。

生活中一些事情常常是物极必反的：你越是想得到他的爱，越要他时时刻刻不与你分离，他越会远离你，越背弃爱情。你多大幅度地想拉他向左，他则多大幅度地向右荡去。

所以我们应该让爱人有自己的天地，去做他喜欢做的事，譬如集邮，或是其他正当爱好。在你看起来，他的爱好也许傻里傻气，但是你千万不可嫉妒它，也不要因为你不能领会这些事情的迷人之处就厌恶它。你应该适时地迁就他。

有些时候要让爱人独自去做他喜爱的事，使他觉得拥有真正属于自己的东西。毫无疑问，爱人时常需要从捆在他脖子上的爱的锁链里挣脱出来。如果我们能够帮助并支持他，去培养一些有趣的爱好，并且给他合理的机会享受完全的自由，那么我们就是在做一些使他快乐的事了。

我们应当自信，真正的爱是可以超越时间、空间的。因此，作为婚姻的双方，在魅力的法则上，请留给彼此一段距离。这段距离不仅包含空间的尺度，同样包含心灵的尺度：留下你自己独特的性格，不要与他如影随形；留下你自己内心的隐私，不要让他感到你是曝光后苍白的底片；留下你一份意味深长与朦胧的神秘……不要试图挽留他离去的脚步，不要幻想他的目光永远专注于你，一切都应是自然形成。在你们之间留下一段距离，让彼此能够自由呼吸。

你是否给第三者留下了婚姻的空隙

“情到浓时情转薄，平平淡淡才是真。”很多人认为爱情应该是轰轰烈烈的，所以一旦爱情被磨去棱角，不再绚烂时，他们就开始怀疑这段感情，并铤而走险，走到外遇的岔路口上。外遇是婚姻中的一道门槛，选择门里门外，生活会截然不同。一旦有外遇，和爱人的关系维系是痛苦的，分开是伤心的。所以我们要警惕外遇，不要让情敌破坏掉我们原本的幸福。

通常情况下，男人有外遇往往是基于以下几点观念：

1. 外遇是男人成功的标志。

俗话说："饱暖思淫欲。"事业发达的男人也因社会阅历较多，较老练稳重，容易获取女人的欢心，外遇事件于是层出不穷。

2. 情人是男人事业败落后的知己。

社会上不乏事业失败的男人去寻求外遇的个案。虽看似奇特，仔细分析时，其实不足为奇。事业的失败对男人是最大的打击，他的自尊心、成就感降到最低。此时若有红粉知己倾心相许，最容易让他动心。

3. 外遇是男人寻求刺激的结果。

男人重感官，女人重感觉。如果妻子是个贤惠的"俏家娘"，男人还是有了外遇，那可能是妻子太过含蓄，不懂得调情，满足不了男人的心理欲望，才促使他与一些风月场上的女人鬼混。

一旦老公有了外遇，将会给我们的心灵带来打击，给家庭成员造成伤害，还可能导致婚姻破裂，幸福尽失。所以我们要警惕外遇的发生，要防患于未然。

女人出轨也是有原因的：

1. 丈夫给的关心不够，没有安全感。

女人是需要保护的，可是很多男人却总是忽略妻子的感受，任由她们在无助的边缘挣扎而不闻不问。这个时候，如果有人乘虚而入，那么女人很可能会选择背叛婚姻。

2. 寻求刺激。

有些女人生活也不错，丈夫对她也是疼爱有加，可是她还是不能避免出轨。那就是因为不安于现状，寻求刺激的结果。

3. 虚荣心理。

从一个男人身上得不到的，希望从另一个男人身上得到。或者觉得被更多的人宠爱，才是最有魅力的女人。所以她们铤而走险。

那么怎么做才能避免对方出轨呢?

1. 平时多理解、体谅对方。

有一对夫妻，妻子当上了经理以后，每天都是早上班，晚下班，有时连星期天也不休息。自然，大部分家务活落在了丈夫头上。一次，妻子对丈夫说："你看，我这一当经理，把你累坏了，以后，我尽量早回来做饭。"丈夫说："我知道，你担任经理一职，想把工作干好，家务事我多干一些，完全可以，你不必挂心。等你对工作熟悉了，再多干些家务。"妻子听了非常感动，比以前更爱丈夫。

理解、体谅可以增进夫妻感情，让婚姻更加牢固。

2. 别太束缚对方。

给对方自由的空间，别太束缚对方，这样可以让其觉得没有压力，那么也就减少了外遇的可能性。

此外，有爱维系的婚姻是有韧性的。相爱的人是不会束缚对方的，因为他们对爱情有信心，谁也不限制谁，到头来仍然是谁也离不开谁。

不束缚对方就是要抛却你的嫉妒心理，对你的爱人持一颗宽容的心。这也是维系婚姻、使家庭幸福的法宝，否则再丰厚的物质生活都不可能换来幸福。

3. 给爱人一份关怀。

给爱人以精神上的宽慰、安抚，在思想上给以关心和支持，在生活上给以悉心的照顾。人的生活，并不是一帆风顺的。任何人几乎都有顺境和逆境。夫妻间的互相关怀、照顾，首先应在对方处于逆境时，给以必要的精神上的关怀。因为，在逆境中的人，更需要别人的关怀。

4. 多变换角色，时刻保持新鲜。

演好自己的角色是家庭中每个成员的责任，如果角色错位，轻者造成家庭的不幸福，重者会使家庭破裂。但如果家庭成员能够经常变换一下角色，就会收获更多的幸福。

虽然，第三者是破坏幸福生活的重要因素，但是我们也要自我反省，是不是我们自己给婚姻造成了空隙，才让他人有机可乘。

“办公室暧昧”最容易让人受委屈

不要在工作的时间约会，否则，你将会遭遇令人心碎的痛苦。你将不会专心提高你的专业技能，你将会被上司性骚扰，你将在工作中分心，你的情感也不会得到很好的安慰，获得恰如其分的寄托。所以，你的母亲或者其他监护人、与你关系密切的朋友会常常劝告你：不要把工作中接触的对象当成是自己的恋人，因为办公室里的暧昧总是容易让一个人受到伤害。

玛利亚和皮特是一个办公室的同事。两人经常在一起讨论工作上的事情，有时还要因公一块外出与顾客接洽。时间长了，两个人之间就培养出了别人没办法达到的默契，一种近乎于爱情，但是又不是爱情的情感正在一点一点地暴露出来。

俗话说，纸里包不住火。公司里关于他们两个人的谣言很快就出来了，而且越传越夸张。刚开始两人也不知道平时有说有笑的同事会在背后出这种“阴招”，直到一次玛利亚无意中在公司洗手间内听到几个同事在讨论她和皮特的事，说得有模有样，玛利亚当时肺都快气炸了。后来她无论走到哪儿，都感觉同事们看她的眼神总是阴阳怪气的，几个同事聚在一起嘀嘀咕咕的时候，她的心里就七上八下的，总怀疑她们在说自己。她想过去冲着她们大吼，但她也不知道她们是不是在说自己，就这样过去解释，反倒让人嘲笑她做贼心虚，心里有鬼。玛利亚快要崩溃了，她讨厌这种复杂诡异的环境，但是又对皮特有着一种说不清又剪不断的情感，让她不知如何是好。皮特劝慰她，希望她能看开一些，毕竟自己的事情不用顾忌别人的，可是他的这些话，让玛利亚感到心寒，因为他似乎没有用心去感受她的难堪。

而且，公司里的这些话不知怎么传到皮特女朋友那儿去了。一次下班在公司大楼外边，玛利亚被迎面而上的几个女人拦住了去路，不由分说地被人甩了一个耳光，还被人警告做人要正经点。玛利亚这回彻底崩溃了，她从小就是一个"品学兼优"的孩子，几乎没受到过什么挫折，可是现在皮特并不能给予她过多的关心，还要她承受这接二连三地侮辱和中伤。无奈之下，玛利亚第二天就向公司辞职了，并把手机上公司所有同事的电话号码全部删除。

曾经给公司创造了巨额利润的一对"黄金搭档"就这样被拆散了。玛利亚凭着自己卓越的才能还能在别处"东山再起"，但在原来的公司的那段经历，让以后的玛利亚再也不敢在办公室里寻找自己的恋人。

通过这个故事，我们可以看出，在办公室里，男人与女人不能走得太近。我们当然不反对男女同事之间交朋友，但这是需要一个度的，不能想怎么样就怎么样，否则受伤害的只有自己。

婚外恋常常以恨收场

在多元化的开放社会中，现代人可以有不同的生活方式和发展方向，婚姻大事似乎已经不像从前那么严肃。然而两性关系的亲密发展，透过婚姻制度仍然有其个人与社会上的意义。婚姻上的契约关系，使两人有机会在一份关系上经营得更持久，而使其人格更成熟，社会角色更丰富。

婚姻中的种种变化，有时使人措手不及，甚至拒绝去面对。人们总希望花常好月常圆，然而婚姻生活的本质并非如同婚纱般的浪漫，它是来自不同家庭文化的两个人，结合在一起共同生活。婚姻中双方很多时候都面临着各种诱惑。

一位白领丽人黄曼莉，在一家著名的跨国集团工作，她有个非常好的异性朋友孟俊峰。那时候他们在一起无话不谈，可是唯独没谈到彼此对对方的感情。那时候他们各自有自己的丈夫妻子。曾经觉得有个这样的异性知己真是三生有幸。为此还曾开玩笑地说："以后我们再结婚的对象不会是对方吧？"

一天晚上黄曼莉感觉很郁闷，便一个人逛街，想发消息叫她的老公来陪，可是他没空。黄曼莉愈加难过，平时因为工作的关系他们很少有机会见面。于是黄曼莉想起了孟俊峰，便发消息给他："我在淮海路，一个人，很无聊，你在哪儿，有空吗？"

孟俊峰很快就发回了消息，他说："那一会儿见吧。"

15分钟后，孟俊峰如约而至。像平时一样，大家互相嘲笑了几句。

孟俊峰说："你通宵？"

黄曼莉说："嗯。"

孟俊峰说："真的？"

黄曼莉说："嗯。"

孟俊峰说："我陪你。"

后来孟俊峰对黄曼莉说："以为你和老公吵架，心情不好才叫我出来的。所以想也没想就赶来了。"

黄曼莉也承认，她很喜欢和孟俊峰在一起的感觉。好像比爱差了点，但却肯定超过普通朋友的界限。

从KTV里出来的时候，天已亮了，他们不约而同地叹了口气，说对不起自己的另一半。

男女间真的存在真正的友谊吗？黄曼莉和孟俊峰之间是爱情还是友情？

人生难得一知己。谓她曰“红颜”，谓他曰“蓝颜”。他与她、她与他之间，就有了一种游走于亲情、爱情、友情之外的第四类情感。它比爱情少一点，比友情多一点，少了一种人为的羁绊和功利，多了一份情感的释放和挂牵。它介于情人和朋友之间，有亲密的情感和肢体交流，但不发生性关系，以不影响对方的正常生活和发展为前提。第四类情感，比友情多的是深层的相知、信赖与默契。它是升华了的精神友情，又没有爱情中的卿卿我我与徒劳牵挂。第四类情感其实是一个陷阱，陷阱的名字就是“婚外恋”。

外遇关系经常以恨收场。有些人以为外遇是为了寻求理想中的爱，为了爱可以不惜冒天下之大不韪。其实这只是一厢情愿单纯的想法。外遇者在开始阶段固然有爱的欢愉与享受，但为期甚短，很少有不以冲突或恨收场的。带给自己家庭的裂痕却要很长时间才能消除，有些甚至永远消除不掉，导致婚姻解体。

第四节
爱，就是无条件的接纳

爱，就是谁先为谁低头

走在一起的两个人，个性完全不同，所以婚姻中总会出现各式各样的摩擦，夫妻之间也一直矛盾不停，麻烦不断。琐碎的事情是最折磨人的，稍微处理不当，就可能引发更大的麻烦，甚至可能会影响正常的婚姻生活。

其实，夫妻之间的问题很多都是因为彼此都不愿意让步，不愿意先向对方低头，所以才将问题越积累越多，到了最后发展到无法挽回的地步。所以，如果真正的爱对方，想要跟对方一起幸福地生活下去，就要先学会向对方低头。

1983年的冬天，一对夫妇的婚姻正濒于破裂的边缘。为了重新找回昔日的爱情，他们打算做一次浪漫之旅，如果能找回就继续生活，如果不能就友好分手。他们来到加拿大的魁北克的一条南北走向的山谷。这个山谷没有什么特别之处，唯一能够引起人们注意的是它的西坡长满松、柏、女贞等树，而东坡只有雪松。这一奇异景观是个谜，许多地质学家一再对其进行研究，都一直没有令人满意的结论。

晚上的时候，突然下起了大雪。这对夫妇支起了帐篷，望着满天飞舞的大雪，发现由于特殊的风向，东坡的雪总比西坡的雪来得大，来得密。不一会儿，雪松上就落了厚厚的一层雪。不过当雪积到一定的程度，雪松那富有弹性的枝丫就会向下弯曲，直到雪从枝上滑落。这样反复地积，反复地弯，反复地落，雪松完好无损。可其他的树由于没有这个本领，树枝被压断了。西坡由于雪小，总有些树挺了过来，所以西坡除了雪松，还有柏和女贞之类。

帐篷中的妻子发现了这一景观，对丈夫说：“东坡肯定也长过杂树，只是不会弯曲才被大雪摧毁了。”丈夫点头称是。少顷，两人像突然明白了什么似的，紧紧拥抱在一起。

对于婚姻的压力要尽可能地去承受，在承受不了的时候，学会弯曲一下，像雪松一样让一步，这样就不会被压垮。婚姻中，不要总是去苛求对方做到完美，因为你也不是完美的，向他（她）低一下头，你们的婚姻就会别有一番风景。

在中国，大男子主义的作风成为爱情婚姻中一道不和谐的音符。很多男人都觉得自己任何做法都是无可挑剔的，所以若是和妻子发生争执，那也必须是妻子先低头，不然自己就太没面子。可是妻子也会有自己的委屈，她们也希望丈夫能够给予理解。这个时候，如果相互之间没有一个人肯低头认错，那么无疑会让僵持的氛围一直延续。时间长了，自然会影响夫妻之间的感情。

当然，在现实生活中，不理解丈夫的妻子也大有人在。他们只是一味追求家庭幸福、夫妻美满，沉醉于卿卿我我的夫妻生活中，对丈夫一心想干好事业的想法不怎么理解，对丈夫兢兢业业为事业操劳的行动不理解，埋怨丈夫回家晚，埋怨丈夫不知道买家具，甚至同丈夫吵架，不体谅丈夫，使丈夫的精力不能集中。做妻子的要知道，一些丈夫之所以那么钟爱自己的妻子，就是因为他感到妻子很理解、体谅、支持自己。有的丈夫说：“最了解我的是妻子，最支持我的也是妻子。”

生活中，我们已经活得很累了，不管是男人还是女人，都不容易，当感受到对方已经身心疲惫的时候，就应该低下头去，握住对方的手，用自己的体贴温暖对方，保护对方。虽然有时候，问题的发生并不是我们故意的，或者能够导致矛盾的产生，也不完全是我们的错，但是能够在对方疲惫的时候，给予一点体贴和谅解，才能更加温润彼此脆弱的心。

爱需要我们彼此扶持

爱从一个人的心里发出，然后流到别人的心里，在人与人之间搭建起一条长长的爱心之桥。爱，往往会有意想不到的力量，它需要我们彼此宽容和彼此扶持。

一战期间，美、德两军在一处平原相遇，双方交战激烈，枪声不断响起，在他们之间的是一条无人地带。一个年轻的德军尝试爬过那个地带，结果被带钩的铁丝钩住，发出痛苦的哀号，不住地呜咽。

相距不远的美军都听得到他的惨叫声。一个美军无法再忍受，于是爬出战壕，匍匐着向那位德军爬过去。其余美军明白他的意图后，就停止开火，但德军仍炮火不辍，直到德国指挥官明白那年轻美军的意图，才命令军队停火。

此时，战场上出现了一片沉寂。年轻美军爬到受伤的德军那里，救他脱离了险境，扶起他走向德军的战壕，交给已准备迎接他的同胞。之后，他转身走回美军阵营。

忽然，一只手搭在他肩膀上，他倏地转过来，原来是一位获得铁十字勋章的德军军官，从自己的制服上扯下勋章，把它别在美军身上，才让他走回自己的阵营。当该美军安全抵达己方战壕后，双方又恢复了那毫无理智的战斗。

我们都知道，在我们生存的世上，不仅有嗜血无情的战争贩子，也有腐败堕落的政府官员；不仅有流血和死亡，也有欺诈和虚伪；不仅有纸醉金迷的享乐，也有声色犬马的诱惑。这些，不是我们能够无视其存在的，也不是我们能够荡涤殆尽的。但是，我们能在自己的心里将这些东西清扫干净，还自己一片洁净的空间。

应该相信，“我们的生活是由我们的思想造就的”，如果我们每个人都能爱护自己，爱护自己善良、朴实的天性，爱护自己懂得爱并珍视爱的心灵，让自己的内心始终保持一块纯净生动、仁爱无私的净土，永不放弃对真诚的情感、对善良的人性、对美好的人生的追求，即使我们不能使所有人的世界变得更美好，至少也可以使自己的世界更美好。

相信这个世界上还有爱，加入那个传播爱的队伍，你慢慢就会发现，爱是不熄的火，它拥有传染的魔力，能够温暖每一个人的心灵，即使是那些所谓的坏人，在他们的灵魂深处也还保留着一块温软的园地，可以感受爱，可以感动。就像歌里唱的那样：“如果人人都献出一点爱，世界将变成美好的人间。”谁不愿意生活在美好的世界里呢？所以在我们的生活中，你经常能够看到各种“献爱心，送温暖”的活动，因为在大家的心中还有爱，爱心让这个世界充满了温暖。

爱自己必先爱他人

要获得他人的喜爱，首先必须要真诚地喜欢他人。这种喜欢必须是发自内心的，而非另有所图。要做到这一点有一定的难度。某些人感到喜欢别人比较困难。但是，如果你能学着多多喜欢别人，今后对别人产生好感就越容易。光靠嘴巴上说“我要去喜欢他人”是没用的。

“喜欢别人”是一种生活方式的结果，它是一种思维模式的产物。而能使你喜欢别人的一种思维方式，便是积极思想，也就是说，你必须以一种积极的态度，而非消极的想法对待其他人。

一个人如果只关心自己，他很难成为一个被人喜欢的人。要成为令人敬重的人，必须将你的注意力从自己的身上转到别人身上去。哲学家威廉·詹姆斯说：“人性中最强烈的欲望便是希望得到他人的敬慕。”这句话对于“别人”也同样适用，他人也希望得到你的敬慕。如果你只是过度地关心你自己，就没有时间及精力去关心别人。别人想获得你的关心，却无法从你这里得到，当然也不会去注意你。

一个人希望被别人喜欢、敬重，必须先学会关爱别人。要真正地去关心别人、爱别人，激励他们展现最好的一面。那样，正如不求报酬做善事终会有所回报一样，别人也会加倍地关心你、爱护你。最好的朋友是能将你内心中最好的潜质引导出来的人。你必须透过表面现象，看清一个人的真相。如果你帮助他，使他达到他内心中所期望的境界，你当然可以赢得他的敬重和信赖。如果在一个艰难的处境中，你能对一个人表现出你的理解和耐心，则不只是那个人，其他的人也同样会对你非常敬重。

你的行动也一样能表明思想，有时甚至比你的语言更明白、更直接。我们大都只是听人说话，而没有注意到行动也是一种语言，因此使人与人之间的沟通受到阻碍。

然而，我们大多数人甚至不知道如何倾听别人的谈话。当别人有问题来找我们时，我们常说得太多。而且我们总是试着提出太多建议，其实大多数时候最重要的也许只是沉默，同时把耐心、宽容和爱传达给对方。

受欢迎的人大多拥有一种特质：他们似乎知道如何使别人接受

自己。谁能做到这一点，谁就能获得别人的喜爱。所以，过分以自我为中心的人总会令自己不快乐。

以自我为中心的人，常常不懂得接受自己。这种心境常会产生受挫感。因为一个人内心感到痛苦，其他人往往会不自觉地加剧他的紧张情绪，而且他在这样想的过程中更加造成了一种令人不满意的人际关系。

所以，如果你对他人真正有兴趣，并且认为他们很重要；如果你经常关心他们，这无疑会增加你获得成功和幸福的概率，别人也会因此而喜欢你。你必须向他们提供建设性的帮助，同时具备与人沟通的技巧。知道如何帮助别人是一门艺术，一个人如果知道该怎么做的话，他必能获得别人持久的感情。

所以，我们必须再说一遍：爱己必先爱人。

给予，让你的生命增值

一位儿童教育家说：“只知索取，不知付出；只知爱己，不知爱人，是当前独生子女的通病。”学会付出是人类光辉灿烂人性的体现，同时也是一种处世智慧和快乐之道。

即使你拥有金钱、爱情、荣誉、成功和刺激，也许你还不会有快乐。快乐是人生的至高追求，只有给予和付出，你才能实现这一追求。

国外一位作家曾写过这样一篇文章：

巴勒斯坦有两个海，一个是淡水，里面有鱼，名为伽里里海。从山脉流下来的约旦河带着飞溅的浪花，成就了这个海。它在阳光下歌唱，人们在周围盖房子，鸟类在茂密的枝叶间筑巢，每种生物都因它而幸福。

约旦河向南流入另一个海。这里没有鱼的欢跃，没有树叶，没有鸟类的歌唱，也没有儿童的欢笑。除非事情紧急，旅行者总是选择别的路径。这里水面空气凝重，没有哪种动物愿意在此饮水。

这两个海彼此相邻，何以又如此不同？不是因为约旦河，它将同样的淡水注入。不是因为土壤，也不是因为周边的国家。区别在于：伽里里海接受约旦河，但绝不把持不放，每流入一滴水，就有另一滴水流出，接受与给予同在。

另一个海则精明得厉害，它吝啬地收藏每一笔收入，每一滴水它都只进不出。

伽里里海乐善好施，生气勃勃。另外那个则从不付出，它就是死海。

巴勒斯坦有两个海，世上有两种人。一种乐于索取，一种乐于付出。吝啬付出的人，他的生活也将死气沉沉，被幸福疏远。

付出的种类有很多，方式也各不相同。有一种付出是对世界的看法、对生活的态度。正是这种对人生的态度，决定了你一生是否幸福。在太多的时候，我们只是在为自己而付出。付出我们的汗水和辛劳来换取我们所应得的回报，但生活中我们也常常需要另外一种付出——为别人付出。同时，获得自己所需的财富和精神上的满足。

生活就是这样，当你为别人付出的时候，你的人生也会因你的付出而快乐、升华，你得到的是生命的延长和增值。

爱心能使人生更有意义。爱的反面不是恨，而是漠然。一个人如果失去了爱的能力，他的人生也会异常黯淡。给别人以帮助和鼓励，自己不但不会有损失，反而会有所收获。并且，通常一个人给别人的帮助和鼓励越多，从别人那儿得到的收获也越多。给别人一颗善心，就能将对方感染，回馈回来的便是两颗爱心的跳动。

人与人之间奉献的力量一直感动着我们的心灵，那一份深沉的人间真情久久地温暖着每一颗尘封已久的心。当一种心与心共鸣而发出的旋律奏响时，心灵浸润其中，不由得会习得一种温情的通透，而原本覆盖着的蒙尘也随之被荡涤得没有了影踪。长此以往，心灵会变得超脱，并找到通往精神家园的路。

用爱打破心中的“冰点”

一位建筑大师阅历丰富，一生杰作无数，但他自感最大的遗憾就是把城市空间分割得支离破碎，而楼房之间的绝对独立则加速了都市人情的冷漠。大师准备过完65岁寿辰就封笔，而在封笔之作中，他想打破传统的设计理念，设计一条让住户交流和交往的通道，使人们不再隔离，而充满大家庭般的欢乐与温馨。

一位颇具胆识和超前意识的房地产商很赞同他的观点，出巨资请他设计。图纸出来后，果然受到业界、媒体和学术界的一致好评。

然而，等大师的杰作变为现实后，市场反应却非常冷漠，乃至创出了楼市新低。

房地产商急了，急忙进行市场调研。调研结果出来后，让人大跌眼镜：人们不肯掏钱买这种房的原因竟然是嫌这样的设计使邻里之间交往多了，不利于处理相互间的关系；在这样的环境里活动空间大，孩子们却不好看管；还有，空间一大，人员复杂，对防盗之类人人担心的事十分不利……

大师没想到自己的封笔之作会落得如此下场，心中哀痛万分。他决定从此隐居乡下，再不出山。临行前，他感慨地说：“我只认识图纸不认识人，是我一生最大的败笔。”

我们可以拆除隔断空间的砖墙，谁又能拆除人与人之间厚厚的心墙呢?

心墙不除，人心会因为缺少氧气而枯萎，人会变得忧郁、孤寂。

在人与人之间的交往中，我们很多时候只是应付。比如，从上班的那一刻起我们就开始将自己关闭在一个小的空间内，懒得和别人打招呼，也懒得去和别人搞好关系。只顾忙着自己的事情，寂寞着一个人的寂寞，开心着一个人的开心。这便是冷漠，冷漠地看待世间的万物，世界上除了自己再没有了别人。

一个冷漠的人注定孤独，因为冷漠的人没有朋友，谁也不愿意和冷漠的人打交道，因为这样的人根本不在乎朋友只在乎自己。冷漠的人也注定不会幸福。

当我们身处困境难以脱身的时候，往往会希望别人能够助自己一臂之力，而我们看到的是冷漠的眼神，有时候真的不是世态炎凉，而是你平日里的冷漠造成了今天孤立无援。对于冷漠的人，别人给予他的也将是冷漠。

有这样一首歌："这是心的呼唤，这是爱的奉献，这是人间的春风，这是生命的源泉。在没有心的沙漠，在没有爱的荒原，死神也望而却步，幸福之花处处开遍。只要人人都献出一点爱，世界将变成美好的人间。"的确，人与人之间的交往不是冷漠，而是爱。付出爱，你就会发现世界是"美好人间"。

爱是医治心灵创伤的良药，爱是心灵得以健康生长的沃土。爱，以和谐为轴心，照射出温馨、甜美和幸福。爱把宽容、温暖和幸福带给了亲人、朋友、家庭、社会。无爱的社会太冰冷，无爱的荒原太寂寞。爱能打破冷漠，让尘封已久的心重新温暖起来。

在与人交往时，将你的心窗打开，不要吝啬心中的爱，因为只有爱人者才会被爱。当你陷入困境时，你会得到许多充满爱心的关怀和帮助。

让自私无处停留

有一句名言说："人活着应该让别人因为你活着而得到益处。"学会分享、给予和付出，你会感受到舍己为人，不求任何回报的快乐和满足。幸福犹如香水，你不可能泼向别人而自己却不沾几滴。的确，在生活中，超越狭隘、帮助他人、撒播美丽、善意地看待这个世界……快乐、幸福和丰收会时时与我们相伴。对此，罗曼·罗兰说得很精彩："快乐和幸福不能靠外来的物质和虚荣，而要靠自己内心的高贵和正直。"

贝尔太太是美国一位有钱的贵妇，她在亚特兰大城外修了一座花园。花园又大又美，吸引了许多游客，他们毫无顾忌地跑到贝尔太太的花园里游玩。

年轻人在绿草如茵的草坪上跳起了欢快的舞蹈；小孩子扎进花丛中捕捉蝴蝶，老人蹲在池塘边垂钓；有的人甚至在花园当中支起了帐篷，打算在此过他们浪漫的盛夏之夜。贝尔太太站在窗前，看着这群快乐得忘乎所以的人们，看着他们在属于她的园子里尽情地唱歌、跳舞、欢笑。她越看越生气，就叫仆人在园门外挂了一块牌子，上面写着：私人花园，未经允许，请勿入内。可是这一点也不管用，那些人还是成群结队地走进花园游玩。贝尔太太只好让她的仆人前去阻拦，结果发生了争执，有的人竟拆走了花园的篱笆墙。

后来贝尔太太想出了一个绝妙的主意，她让仆人把园门外的那块牌子取下来，换上了一块新牌子，上面写着：欢迎大家来此游玩，为了安全起见，本园的主人特别提醒大家，花园的草丛中有一种毒蛇。如果哪位不慎被蛇咬伤，请在半小时内采取紧急救治措施，否则性命难保。最后告诉大家，离此地最近的一家医院在威尔镇，驱车大约50分钟即到。

这真是一个绝妙的主意，那些贪玩的游客看了这块牌子后，对这座美丽的花园望而却步了。可是几年后，有人再往贝尔太太的花园去，却发现那里因为园子太大，走动的人太少而真的杂草丛生，毒蛇横行，几乎荒芜了。孤独、寂寞的贝尔太太守着她的大花园，她非常怀念那些曾经来她的园子里玩的快乐的游客。

贝尔太太用一块牌子为自己筑了一道特别的“篱笆墙”，随时防范别人靠近。这道看不见的篱笆墙就是自我封闭。

自我封闭就是把自我局限在一个狭小的圈子里，隔绝与外界的交流与接触。自我封闭的人就像契诃夫笔下的装在套子中的人一样，把自己严严实实包裹起来，因此很容易陷入孤独与寂寞之中。自我封闭的后果是什么呢？在封闭自己的同时，也把快乐和幸福封闭在外面。

自私是人的本性，但是我们要知道，我们就是社会性动物，没有谁能够独立生活。人与人之间少不了交往，我们也总有需要别人帮忙的时候。所以，不要吝啬分享你的东西，有时只是一杯小小的可乐，都可以让你拥有一个朋友。

我们每个人心中都有一座美丽的大花园。如果我们愿意让别人在此种植快乐，同时也让这份快乐滋润自己，那么我们心灵的花园就永远不会荒芜。

微笑着面对犯过错误的父母

晚饭过后，母亲忙着似乎永远也忙不完的家务。刚上五年级的女儿大声嚷嚷道：“妈妈，问您一个问题，您的心愿是什么？”

母亲先是一愣，接着不耐烦地回答：“心愿很多，跟你说也没用。”

女儿执拗地要求："您就说说看，这对我很重要。"

母亲看见女儿坚持的样子，就回答说："好吧，就说给你听听。第一，希望你努力学习，保持好成绩；第二，希望你听话，不让大人操心；第三，希望你将来考上名牌大学；第四……"

女儿打断母亲的回答："哎，妈妈，您不要总是说对我的期望，说说您自己的心愿吧？"母亲有滋有味地历数着，沉浸在对美好未来的种种设想之中："我嘛——一是希望身体健康，青春长驻；二是希望工作顺心，事业有成；三是希望家庭和睦，美满幸福；四是……"女儿再次打断母亲的回答："妈妈，您说的这些又大又空，说点实际的吧，比如您想要……"

母亲好像猛然发现了什么似的，有些恼火地打断女儿的话："我就知道你跟我玩心眼儿，一定是老师留了关于心愿的作文题目，你写不出来就想到我这里挖材料对不对？实话告诉你吧，我的心愿多着呢！我想要别墅，我想要小轿车，我想要高档时装，看，我的手袋坏了，还想要一只真皮手袋，你看这些实际不实际？这些你都能满足我吗？跟你说顶什么用？好了，心愿说完了，你去写作业吧。"

女儿回到自己的房间，母亲觉得还意犹未尽，又站起身推开女儿的房门。女儿正在写作业，串串泪珠滚落，不停地用手背擦着。母亲的无明火又上来了，比刚才的声音还要高出几个分贝，吼道："你还觉得挺委屈是不是？你想偷懒是不是？你故意气我是不是？"

女儿解释："妈妈，我不是……"

"还敢顶嘴！告诉你，9点钟之前写不完这篇作文有你好瞧的！"母亲很权威地命令着，一扭身"砰"地把门关上。

第二天晚上吃完饭，女儿照例进屋写作业，母亲照例重复着每日必做的家务。

蓦然间，她发现茶几上多出一束鲜花，鲜花旁放了一个包装袋，包装袋上放了一张小纸条，纸条上面写着：

“妈妈：

今天是您的生日，我用平时攒的零花钱和这两年的压岁钱给您买了一只真皮手袋。让您高兴，这是我最大的心愿。

想给您一份惊喜却不小心惹您生气的孩子”

母亲的手颤抖了，呆呆地坐在沙发上说不出一句话。

人们常常会说：天下无不是之父母。其实这话是不对的，圣贤都会犯错，何况身为普通人的父母呢？

孔子曾经讲过为人子女者如何对待父母的缺点问题，首先是委婉地劝说，发现父母的缺点不劝说是不对的，但应注意劝说的态度要温和。更重要的是，如果发现父母的错误不进行规劝，则不能称为孝子。

但是，子女的规劝父母不听怎么办？孔子接下来说，在这种情况下，仍要对父母表示恭顺，虽然为父母不能改正错误和缺点而内心担忧，但不能心怀怨恨。

说到自己的父母，有可能是君子，也有可能是小人，如何能够让他们远离小人的习气而靠近君子的行为呢？这就要劝谏他们放弃不良习惯，委婉说服。即使说服不了，也要对他们恭敬行孝，任劳任怨。因为他们毕竟是自己的父母，绝不能因为他们有过失就不孝顺。否则，自己连孝都做不到，又怎么去要求父母行义和道呢？在自己的孝心感召和耐心劝说下，父母是会真正认识到自己的错误而加以改进的。

远离吝啬的魔鬼

罗素说过，吝啬，比其他事更能阻止人们过自由而高尚的生活。

这是告诉我们一定要摒弃吝啬的不良习惯。

凡吝啬的人一般都是自私的、贪婪的。这类人只是嫌自己发财速度太慢，总嫌发财“效率”太低，总想不劳而获或者少劳多获，因而挖空心思、不择手段地算计他人、算计集体、算计社会。

这种过于吝啬的习性常常表现为与人交往只索取不奉献。

有个勤劳的男孩叫汤姆，他一个人住在一间小屋子里，并且拥有一座村庄里最美丽的花园。小汤姆有很多朋友，其中有一个是磨坊主汤恩。汤恩是个很富有的人，他总自称是小汤姆最忠厚的朋友，因此他每次到小汤姆的花园来时，都以最好的朋友的身份拎走一大篮子各种美丽的鲜花，在水果成熟的季节还拿走许多水果。

汤恩经常说：“真正的朋友就该分享一切。”而他却从来没有给过小汤姆什么。

冬天的时候，小汤姆的花园枯萎了。“忠实的”磨坊主朋友再也没去看望孤独、寒冷、饥饿的小汤姆。

汤恩在家里对他的家人说：“冬天去看小汤姆是不恰当的，人们经受困难的时候心情烦躁，这时候必须让他们拥有一份宁静，去打扰他们是不好的。而春天到来的时候就不一样了，小汤姆花园里的花都开放了，我去他那采回一大篮子鲜花，我会让他多么高兴啊！”

磨坊主天真无邪的儿子问他：“爸爸，为什么不让小汤姆到咱们家来呢？我会把我的好吃的、好玩的都分给他一半。”

谁想到磨坊主却被儿子的话气坏了，他怒斥这个白白上了学、仍然什么都不懂的孩子。他说：“如果小汤姆来到我们家，看到了我们烧得暖烘烘的火炉、我们丰盛的晚饭，以及我们甜美的红葡萄酒，他就会心生妒意，而嫉妒则是友谊的大敌。”

磨坊主汤恩的高论让我们看到了吝啬的人在面对生活时的丑恶

嘴脸。吝啬者衣食无忧，然而其灵魂、精神却日趋贫穷。

吝啬果真能给吝啬者带来愉快吗？不能。其实吝啬者的生活是最不安宁的，他们整天忙的是挣钱，最担心的是丢钱，唯恐盗贼将他的金钱全部偷走，唯恐一场大火将其财产全部吞噬，唯恐自己的亲人将它全部挥霍，因而整天提心吊胆，坐立不安，永远不会快乐。

所以，我们要远离吝啬的魔鬼，走出吝啬的灰暗，寻找生命中那一块与人分享的蓝天。施予没有资格的限制，再吝啬、再坏的人，只要决心想给予，就可以透过训练开启布施之心。在生活中，让我们学会“布施”吧，因为，只有如此，才能让我们得到更多，学会给予，才能收获幸福，懂得付出，才能有更多收获。